蛋糕裱花基础

BASE FOR CAKE DECORATING

王森·主编

张婷婷 栾绮伟·副主编

向邓一 霍辉燕·参编人员

第三版
*
上册

中国轻工业出版社

图书在版编目（CIP）数据

蛋糕裱花基础. 上册 / 王森主编. —3版. —北京：中国轻工业出版社，2024.8

ISBN 978-7-5184-2905-9

Ⅰ.①蛋… Ⅱ.①王… Ⅲ.①蛋糕 — 造型设计 Ⅳ.①TS213.23

中国版本图书馆CIP数据核字（2020）第031819号

责任编辑：马　妍

策划编辑：马　妍　　责任终审：张乃東　　封面设计：王超男

版式设计：锋尚设计　　责任校对：晋　洁　　责任监印：张　可

出版发行：中国轻工业出版社（北京鲁谷东街5号，邮编：100040）

印　　刷：艺堂印刷（天津）有限公司

经　　销：各地新华书店

版　　次：2024年8月第3版第6次印刷

开　　本：787×1092　1/16　印张：15.75

字　　数：200千字

书　　号：ISBN 978-7-5184-2905-9　定价：68.00元

邮购电话：010-85119873

发行电话：010-85119832　010-85119912

网　　址：http://www.chlip.com.cn

Email：club@chlip.com.cn

版权所有　侵权必究

如发现图书残缺请与我社邮购联系调换

241449S1C306ZBW

PREFACE

序

---✛---

    生活中总有能让你回味无穷的种种。时隔几年，再次修订《蛋糕裱花基础》（上、下册），又一次说了这句话，感叹时光荏苒，感谢万千读者，让我多年来一直不忘初心。

    裱花技术承载着少时对甜品的最初印象，香甜的气息搭上变化的造型是我在烘焙事业上的重要起点之一，它不单调、不简单、也不复杂，虽然现在烘焙市场越来越多元化，但传统裱花技术依然有着它不变的魅力，其基础技术是许多食品工艺技术的来源，所以在学习求新的路程中也不要忘了原本的样子。

    这几年，市场上出现了很多种裱花材料，诸如各式奶油霜、豆沙、蛋白膏等，在书中都有所体现，各种材料的体现手法与鲜奶油裱花技术大同小异，所以原书的部分基础内容也有保留。我一直坚信，所有的技术转换都来源于基础技术，只有基础牢固，转化就能得心应手了。不但如此，书中也增加了更多的技术基础内容，同时，人物、动物、鸟类、水果、陶艺等多种蛋糕类型也都有丰富体现，并增加了仿真类蛋糕设计。此外，本书在注重基础的不变立场上，也更加注重技术的提高与方式的表达。

    本套书籍理论部分翔实且基础，有易有难，并在实践中提取实用理论知识点穿插其中。裱花样式全面展现在书中，花型品种与样式在实践部分中有重要讲解，同时有更多品种与蛋糕样式在欣赏部分中展现。只要认真理解并练习，你一定会成为非常出色的裱花达人。

    本套书经历了多次修订，销量非常可观，非常感谢广大读者对此书的支持。相信这次修订，也一定会对你有新的帮助。

CONTENTS

目录

第一章

蛋糕裱花
基础知识

裱花时的正确站姿

作为一名裱花师，应当有正确的站姿，只有养成良好的站姿习惯，才能有效地降低工作带来的疲劳。那么，如何站才是比较合理的呢？

（1）两腿自然分开，保持与肩同宽或稍大于肩宽，这样身体的力量会由两腿均匀地分担，不易疲劳。切勿一脚在前、一脚在后站立，这样在前的一条腿会容易产生疲劳。

（2）两手呈八字形垂于身体两侧，右手肘部切不可紧贴腹部，这样不便于操作，而且还会造成肩部酸痛。

（3）身体与转盘之间保持半臂距离，腰部略微前倾，不可完全直立，这样不便于操作，并且会使颈部向下弯得太久，造成疲劳。

第二节

奶油打发与调色方案

鲜奶油的分类

目前制作裱花蛋糕的奶油有三类：植脂奶油（可塑性好）、动物奶油（又称淡奶油，可塑性差）、乳脂奶油（口感和可塑性均可）。三类鲜奶油中，植脂奶油价格最低，乳脂奶油价格稍高，动物脂奶油价格最高。

植脂奶油

植脂奶油是以氢化植物油脂、乳化剂、稳定剂、蛋白质、糖、食盐、色素、水、香精等材料共同制作而成的一类产品，其使用方便、发泡性能好、稳定性强、奶香味足、不含胆固醇，优质植脂奶油不含反式脂肪酸，是制作裱花类蛋糕的主要原料。

<table>
<tr><td>

优质植脂奶油的特点

1　打发时间在3～10分钟。

2　口感：入口即化，黏度较低，无酸败味，具有良好的气味。

3　质地：打发好的奶油表面光洁、细腻。

4　保形性：打发后的奶油能长时间保持原有形状（25℃，2小时以上），不坍塌。

5　不含反式脂肪酸。

</td><td>

低档植脂奶油的特点

1　口味不佳：奶油入口过于厚实，甚至很难让人接受，难以下咽。

2　产品黏度偏高：黏度高的产品很难从包装盒里倾倒出来，吃完奶油后嗓子里还会感觉到奶油附在上面。

3　保形性欠佳：打发后的奶油在经过裱花操作后，放在25℃的环境中，储存2小时以上，裱出的形态容易坍塌，质地粗糙。

</td></tr>
</table>

2　乳脂奶油与动物奶油

　　乳脂奶油通常被称为动物奶油，乳脂是一种从动物的乳汁中分离出的脂肪。严格意义上讲，动物奶油是乳脂奶油中的一种，但是由于动物奶油的塑形较差且需要调配味道，满足不了复杂的裱花技术，所以目前市场上也有将乳脂提取后与植物奶油复合的奶油品种。一般来说，使用乳脂奶油的成本比植物奶油要高很多。

植脂鲜奶油的打发技巧

1　提前一天从冰箱冷冻室里拿出植脂鲜奶油，将其放入冷藏室里解冻。使用前，确保鲜奶油约一半的量已经退冰。取适量鲜奶油直接倒入桶中，准备打发。

如果在炎热的夏天，打发前，可将奶油桶放入冰箱中冷藏一段时间或者用冰水擦拭桶壁外侧，使桶内温度下降，避免奶油不易打发。

2 将鲜奶油先中速打发、后快速打发，打到鲜奶油明显呈现浪花状，再慢速打发慢慢消除奶油内部的大气泡（时间不宜长，否则会回稀的）。

3 若搅拌球顶部的鲜奶油呈尖峰状，且弯曲弧度较大，则打发不到位，这种奶油抹面很难抹直，且顶部放东西时易产生塌陷变形。

4 若搅拌球顶部的鲜奶油尖峰呈直立状，则打发到位。这样的奶油就能用来抹面挤花了，但如果打得太过（连尖都带不出来），鲜奶油就会有很多气泡，抹面时会显得很粗糙。

小贴士 NOTE

搅打鲜奶油的搅拌球最好选用钢条间距密实的，这样打出来的鲜奶油由于充气均匀、进气量少会呈现细腻的组织，质量较高；如果打好的植脂奶油在使用一段时间后出现回软状态，此时只要将奶油重新再放入机器中，重新搅打至所需状态即可，但是在夏天，重新搅打时需要加入带冰的奶油混合搅打。

植脂奶油打发的注意要点

1 将半退冰状的鲜奶油倒入搅拌缸内，鲜奶油温度以0~5℃最佳（鲜奶油最佳打发状态为半退冰状态，能从罐中轻易地倒出来，乳液中还含有碎冰且能流动为最佳打发时机）。

2 用网状搅拌器快速打发，如鲜奶油内有碎冰存在，可先用中速打发至完全退冰，再改用快速打发。

3 鲜奶油在打发时，会由稀释状态逐渐变成浓稠状态，体积也逐渐膨大。

4 继续搅拌至近完成阶段时，打发状态的鲜奶油明显呈现可塑性花纹。

5 打发完成的鲜奶油，应有光泽，且有良好的弹性和可塑性。

6 打发完成的鲜奶油，可换装容器或连搅拌缸一起存放在冷藏库中备用。其最佳使用状态是打发完成后40分钟以内，因此以少量多次打发为宜。

7 打发完成时如发现鲜奶油太稀太软，可立即再次打发至有可塑性为止，或者因存放冰箱内时间过久而缺乏可塑性时，也同样可以重新打发或再加入新的鲜奶油一起打发。

8 打发过度的鲜奶油，体积缩小而质量粗糙，颗粒大有分离状态，且不具弹性和光泽，此时可再加入新的鲜奶油重新打发。

9 打发完成的鲜奶油若未使用或有剩余时，可存放在冷冻保存，留置下次加入新的鲜奶油一起打发即可，不影响状态及品质。

动物脂奶油打发技巧

（乳脂奶油打法一样）

 **1** 把淡奶油摇匀后倒入桶里。

 **2** 用中快速搅打奶油，当要打到奶油从液体变为泡沫状时，需要密切关注奶油的打发状态。不同品种的奶油成形速度差别很大。

夏季打发前，可以先将打发桶先放入冰箱中冰冻一下。

 **3-1** 浪花状刚产生的效果。

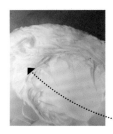 **3-2** 当奶油打到有明显的浪花状花纹，且奶油与桶边的距离越来越大时，表示奶油打发接近完成。

有明显的距离产生浪花状花纹

 **4** 测试鲜奶油的打发程度：先把搅打球放到打发奶油中，约至搅拌球的1/3深度以上，再缓慢提起搅拌球。

 **5** 观察搅拌球上的奶油成形状态。

动物奶油打发的三种程度

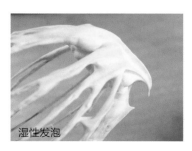
湿性发泡

中性发泡

中干性发泡

1 湿性发泡：打发过软，奶油的鸡尾弯曲大，如果将其倒放奶油有些流动。

2 中性发泡：奶油呈较直立的鸡尾状，将奶油倒立时不会移动，这个奶油适合挤卡通动物、抹面（简单的面）、挤花（适合挤一层的花不适合挤多层多瓣的花）。

3 中干性发泡：看到球尖的奶油挺立不下滑，奶油光泽弱即为中干性打发，适合抹面、挤花、做卡通，但打到这个程度的奶油会看起来组织粗糙、不细腻、没有光泽。

色彩产生的形象

色彩	抽象联想	具体联想
红色	热情、活力、兴奋、紧张、燃烧、强烈、爱、嫉妒	太阳、苹果、草莓、玫瑰、辣椒、血橙
黄色	快乐、轻快、明朗、健康、希望、可爱、热闹、甜美	柠檬、香蕉、向日葵、花朵、咖喱、蛋黄
蓝色	沉稳、冷淡、清凉、透明、平静、深远、忠实、诚实、理智	天空、大海、宇宙、玉、玻璃、夏天、水、湖
橙色	活泼、幸福、高兴、明朗、家庭、欢闹、聚会、快活、开放	橙子、柑橘、柿子、胡萝卜、太阳、橙汁
绿色	生机、希望、轻快、生命力、健康、自然、和平、安全	叶子、树木、森林、草坪、草原、蔬菜、瓜果、信号
紫色	神秘、高贵、高级、典雅、成熟、不安、优雅、传统、封闭	紫罗兰、紫藤花、葡萄、薰衣草、绣球花、蓝莓
白色	清洁、干净、明亮、新的、永远、空虚、天使、纯粹、浪漫	雪、百合、夏天、云朵、婚纱、奶油、衬衫
灰色	不安的、不确定的、沉着、悲伤的、忧郁、孤独、沉闷的、拥挤	尘埃、灰尘、都市的墙壁

常用调色方案

1. 基本色的调和

三原色——红、黄、蓝，红加黄变橙，红加蓝变紫，黄加蓝变绿。

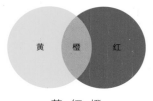  

黄+红=橙   蓝+黄=绿   蓝+红=紫

2. 其他调色方案

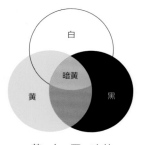  

黄+白+黑=暗黄   蓝+白+黑=墨蓝   草绿+黑=墨绿

红+棕+橙＝橙红

粉+黄＝橙黄

黄+橙＝橙黄

黄（量多）+绿（量少）＝
浅绿

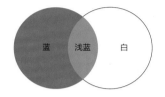

蓝+白＝浅蓝

蓝+紫＝蓝紫

亮粉+紫罗兰＝粉紫

深粉+红+橙＝鲜红

深蓝+黑＝海军蓝

天蓝+黄＝草绿

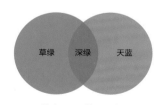

草绿+天蓝＝深绿

天蓝+黑+紫＝深蓝

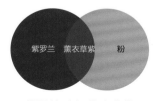

紫罗兰+粉＝薰衣草紫

红+橙＝橙红

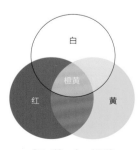

红+黄+白＝橙黄

红+紫=红紫

黄+白=米黄

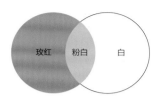

玫红+白=粉白

玫红+黑=暗红

柠檬黄+橙=金黄

柠檬黄+叶绿+黑=鳄梨黄

青蓝+绿=蓝绿

朱红+黑=咖

紫罗兰+黄=棕红

紫罗兰+亮红=深红

第三节

常用花嘴介绍

常用花嘴

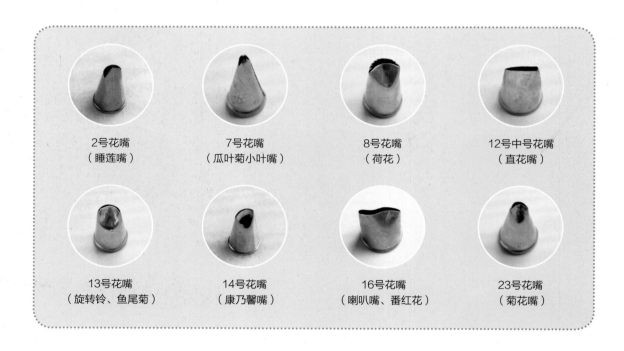

| 2号花嘴
（睡莲嘴） | 7号花嘴
（瓜叶菊小叶嘴） | 8号花嘴
（荷花） | 12号中号花嘴
（直花嘴） |
| 13号花嘴
（旋转铃、鱼尾菊） | 14号花嘴
（康乃馨嘴） | 16号花嘴
（喇叭嘴、番红花） | 23号花嘴
（菊花嘴） |

惠尔通花嘴

适用于鲜奶油、奶油霜、蛋白膏、豆沙等裱花材料。

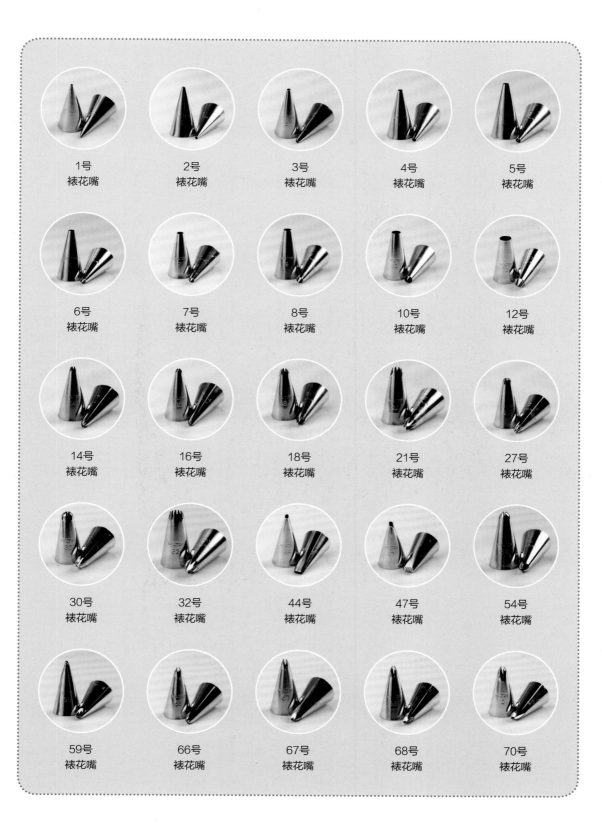

1号
裱花嘴

2号
裱花嘴

3号
裱花嘴

4号
裱花嘴

5号
裱花嘴

6号
裱花嘴

7号
裱花嘴

8号
裱花嘴

10号
裱花嘴

12号
裱花嘴

14号
裱花嘴

16号
裱花嘴

18号
裱花嘴

21号
裱花嘴

27号
裱花嘴

30号
裱花嘴

32号
裱花嘴

44号
裱花嘴

47号
裱花嘴

54号
裱花嘴

59号
裱花嘴

66号
裱花嘴

67号
裱花嘴

68号
裱花嘴

70号
裱花嘴

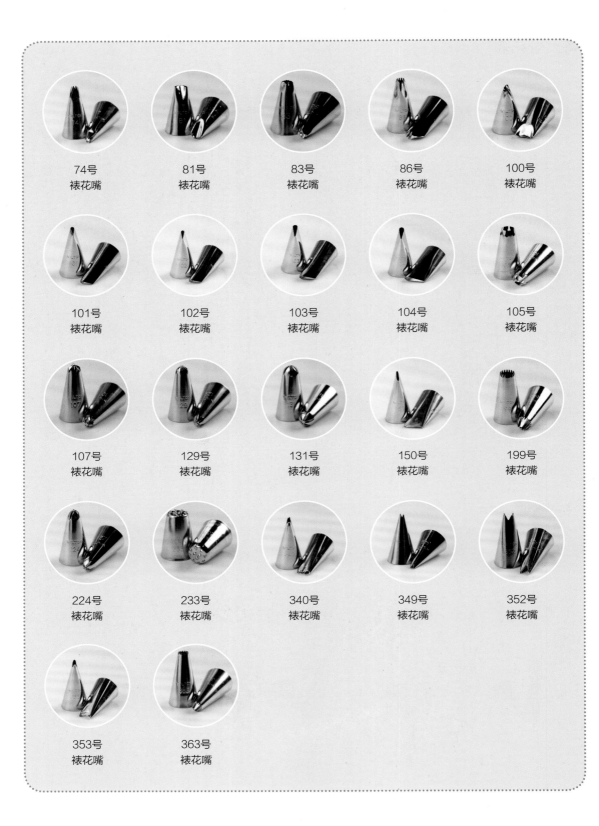

74号
裱花嘴

81号
裱花嘴

83号
裱花嘴

86号
裱花嘴

100号
裱花嘴

101号
裱花嘴

102号
裱花嘴

103号
裱花嘴

104号
裱花嘴

105号
裱花嘴

107号
裱花嘴

129号
裱花嘴

131号
裱花嘴

150号
裱花嘴

199号
裱花嘴

224号
裱花嘴

233号
裱花嘴

340号
裱花嘴

349号
裱花嘴

352号
裱花嘴

353号
裱花嘴

363号
裱花嘴

特大号花嘴

适用于鲜奶油、奶油霜、蛋白膏、豆沙等裱花材料，也可用于曲奇、泡芙等制作。

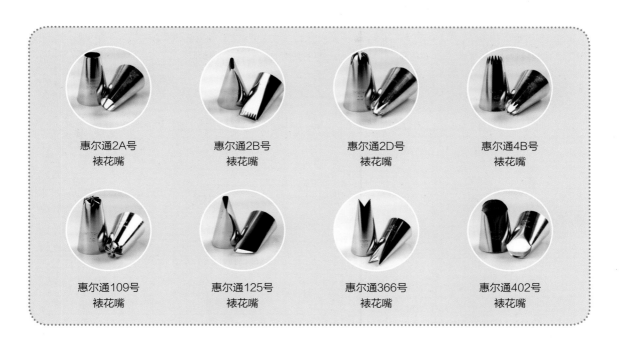

惠尔通2A号
裱花嘴

惠尔通2B号
裱花嘴

惠尔通2D号
裱花嘴

惠尔通4B号
裱花嘴

惠尔通109号
裱花嘴

惠尔通125号
裱花嘴

惠尔通366号
裱花嘴

惠尔通402号
裱花嘴

韩国花嘴

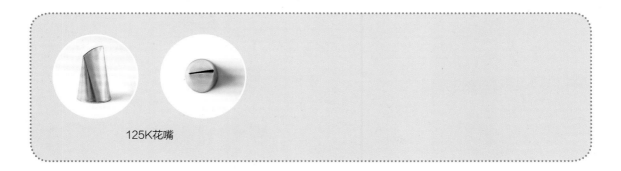

125K花嘴

花嘴搭档：转换头

使用转换头，可以让同一袋奶油在不更换裱花袋的情况下，直接更换裱花嘴，变换奶油花样，非常便捷。

| 惠尔通转换头1 | 惠尔通转换头2 | 惠尔通转换头3 | 惠尔通转换头4 | 转换头使用 |

裱花搭档：花钉

1. 花钉品种

| 塑料花钉 | 不锈钢花钉 | 花钉使用 |

2. 花钉使用

一只手拿裱花袋，另一只手转动花钉，在花钉表面平台上裱出花纹样式。

花嘴装入裱花袋的方法

1 将花嘴或转换头装入裱花袋中。

2 用剪刀在袋尖处剪开，剪的宽度一般在2~4厘米，需要根据花嘴或转换头的大小来定。

3 将裱花嘴或者转换头往前挤，看露出效果。

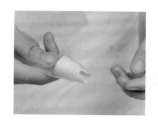   

4 若是裱花嘴，以裱花嘴能露出一半为宜，露得太多，在后期用力过大或奶油过硬会造成花嘴被"吐"出来；转换头露出前端即可。

5 如果装入的是裱花嘴，即可进行装奶油动作；如果是转换器，则取适合的裱花嘴安装在转换器上。

6 拧紧转换帽即可。

7 在装奶油时，把裱花袋翻卷到花袋高度的一半处，把手打开、虎口呈圆形，虎口尽量张开大点，把袋口撑圆。

裱花袋使用方法

1. 握裱花袋的方法

方法1

用一只手拿裱花袋：裱花袋尾部要多扭几圈，用虎口紧紧夹住花袋的扭转处。

方法2

用两只手握裱花袋：右手握花袋，另一只手起辅助的作用，只要稍微用点力挤奶油时花嘴不晃动即可。

2. 裱花袋的角度示范

倾斜35°角

垂直的角度
距水平面约0.4厘米

花嘴平行

第四节

✳

蛋糕喷色介绍

蛋糕装饰中的上色器具：空气喷枪

1. 空气喷枪工作原理

空气喷枪需和软管、空压机及其他配件一起组合使用。空压机用于压缩储存空气，为喷枪中的涂料提供一定的气压，在气压的作用下，使液体（涂料）产生雾化的效果。空气喷枪有不同的口径，可根据其用途进行选取。

空气喷枪工作原理

2. 了解操作中涉及的词汇

雾化：通过喷嘴或用高速气流使液体分散成微小液滴。

喷涂：通过喷枪或蝶式雾化器，借助于压力或离心力，将涂料分散成均匀且微小的雾滴，施涂于被涂物的表面。

3. 喷枪的构造

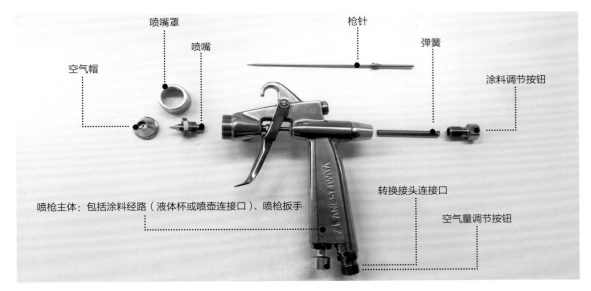

空气帽　喷嘴罩　喷嘴　枪针　弹簧　涂料调节按钮　喷枪主体：包括涂料经路（液体杯或喷壶连接口）、喷枪扳手　转换接头连接口　空气量调节按钮

4. 喷枪附带配件

液体杯（或喷壶）：用于盛放喷涂或清洗器具的液体，一般有液体杯和喷壶两种。液体杯盛放的液体较少，操作过程中，液体不易洒出来；喷壶装的液体较多，多用于大批次的喷涂工作，效率高。

转换头：用于连接喷枪和软管，拆卸比较方便。

喷壶　　　　　液体杯

喷枪的具体操作

（1）**调节喷涂压力**：将喷涂压力设定为0.1~0.2MPa。该设定压力特指喷枪在作业时的压力。可以边旋转过滤减压阀设定压力，边扳动喷枪的扳手，此时进行一个喷涂操作的模拟。

原因：为使喷料达到较好的雾化状态，进行喷涂时的压力需为0.1~0.2MPa。若在没有扳动喷枪扳手的情况下将压力设定为0.1~0.2MPa，那么在进行喷涂的过程中，压力下降（实际压力未达到所需要的压力），雾化会变粗，若是喷涂的压力过大（实际压力

超过所需要的压力），雾化则过细，影响成品美观。

（2）**保证喷枪干燥整洁**：特别是喷涂液体所接触的地方，使用酒精对其进行消毒后方可使用。

原因：一方面保证产品的卫生与安全，另一方面可以最大限度地降低喷枪在操作时出现故障的风险。

（3）**选用黏度较低、不含亮片的涂料**：若涂料黏度较高，可用水或酒精等对其进行稀释。

原因：黏度高和含有亮片的涂料在喷枪喷制的过程中极易堵塞，不仅影响操作，还有可能损坏设备。

（4）**安装干燥整洁的液体杯或喷壶**：可选用扳手将二者拧紧，以免漏出涂料。

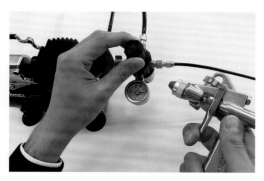

调节喷涂压力

✸ 小贴士 NOTE

气压的设定还可以根据喷涂的液体密度进行调节，以达到自己想要的效果。

喷枪的使用

以使用水溶性色素为例。

1. 装涂料及涂料颜色的替换

（1）**装涂料**：将涂料倒入液体杯或喷壶中。这里可以添加一种颜色的色素，也可以添加两种及其以上。加入色素后，后期可根据个人所需添加少许水对其进行稀释。

（2）**涂料颜色的替换**：在给蛋糕进行上色装饰时，会出现使用多种颜色色素的情况，若没有正确的替换颜色，会影响产品的整体画面感。

> **小贴士 NOTE**
>
> 若是在加了色素的涂料杯（或喷壶）中加入水，需要一手堵住空气帽前段，一手握住喷枪扳手，直至将涂料混合均匀。若是涂料杯或喷壶中同时添加多种色素，也可以用该种方法使其混合均匀。

方法一：用洗净液清洗干净后再倒入其他颜色

 **1** 先将液体杯（或喷壶）中的色素倒出。

 **2** 倒入洗净液，再将涂料调节按钮顺时针全开，将其喷出，直至喷出的液体是干净的即可。

 **3** 把涂料杯（或喷壶）用扳手拆下来进行清洗。

 **4** 将涂料调节按钮用手旋转拆下。

 **5** 先将枪针组件的弹簧拆下，再将枪针用手轻轻地拔出，最后将其擦拭干净。

 **6** 将喷嘴罩轻轻地拧出。

7 将空气帽拆出，清洗干净。（在进行该步骤时，喷嘴和枪针会露在外面，需将其小心放置，以免喷涂不良）

8 先将空气帽装在喷嘴上，再拧上喷嘴罩即可。

9 将枪针慢慢插入喷枪主体中，直至从喷嘴处可以看到枪针，再装上枪针组件的弹簧，最后装上涂料调节按钮和涂料杯（或喷壶）。

10 在涂料杯（或喷壶）中倒入所需要的色素，调整涂料调节按钮，进行喷制。

方法二：直接利用需要替换的颜色进行替换

先将液体杯（或喷壶）中的色素倒出，再将涂料调节按钮顺时针全开，喷出剩余的色素，再加入需要替换的颜色，继续喷制，直至喷出的颜色是替换后的颜色。

★ 小贴士
NOTE

方法一的颜色替换效果更佳，不易出现颜色混合和喷枪堵塞的现象。方法二的操作效率虽高，但需注意颜色要完全替换到位，在经过几次替换颜色后，最好将喷枪进行清洗，否则喷绘作品时，极易弄脏画面或出现堵塞的情况。

2．操作喷枪扳手

（1）喷枪扳手的两种机能

第一种：用手轻轻握住扳手，只喷出气体。

第二种：将手用力地握住扳手，气体与涂料同步喷出。

（2）喷枪的调节按钮

涂料调节按钮：涂料调节按钮用于调节涂料（色素）喷出的用量。

在其他条件不变的情况下，将调节按钮顺时针旋转时，可减少涂料（色素）的喷出量，在同一位置进行喷涂，表面喷涂的色素减少，具体呈现方式便是颜色变浅。将其逆时针旋转时，可增加涂料（色素）的喷出量，同理，表面喷涂的色素增加，颜色变深。若将其全部关闭，则不会喷出色素。

空气量调节按钮：空气量调节按钮用于调节空气的喷出量。

在其他条件不变的情况下，将调节按钮顺时针旋转，空气喷出量减少，气压变低，雾化会变粗；反之，将调节按钮逆时针旋转，空气喷出量增加，气压变高，雾化会变细；若将其全部关闭，则不会喷出空气。

（3）喷涂距离与喷幅面积的关系

在其他条件不变的情况下，喷涂距离的远近与被喷涂物的喷幅面积成反比。

① 若喷枪距离被喷物较近，喷幅面积较小。在使用色素喷涂时，具体呈现方式是被喷涂物的颜色较深。

② 若喷枪距离被喷物较远，喷幅面积较大。同理，具体呈现方式是被喷涂物的颜色较浅。

喷枪在裱花蛋糕中的应用——喷画

喷枪在裱花蛋糕中最主要的作用是上色。以喷枪为笔，各种可食用色素为颜料，在裱花蛋糕上进行点、线、面等的喷制，将绘画以另外一种方式呈现，赋予食物艺术之美。

1. 喷枪作画的练习

（1）操作喷枪扳手的重要性

喷画的练习也是对喷枪扳手的熟练度训练，喷枪扳手控制着线条的粗细和色面的大小，熟练掌握扳手的操作，对于喷绘出好的画面，起着重要的作用。

（2）运用喷枪喷绘的方式

垂直运用喷枪：将喷枪垂直于画面进行喷制。

倾斜运用喷枪：将喷枪与画面形成小于90°的夹角进行喷制。

以上两种运用喷枪进行喷绘的方式可以单独使用，也可以结合使用，前提是在喷绘过程中，要连贯地控制喷枪，每次的喷制达到一气呵成的效果最好。

相关操作动作解析：

① 先用手握住喷枪扳手，确定雾化的粗细程度。

② 轻轻喷出涂料。

③ 松开扳手，停止喷涂。

2. 奶油打发程度

裱花蛋糕奶油的打发程度要高一些，奶油质地较硬，支撑性较强，喷上去的颜色持久性较好。

大面积喷画

小面积喷画

3. 涂料选用

涂料以水溶性色素为主。有时为了绘画效果，会在液体杯（或喷壶）的色素中加水进行稀释，使其颜色变淡，不仅可以降低食用色素的添加量，还可以使画面的颜色更加柔和。

小贴士
NOTE

在对裱花蛋糕进行喷绘时，除了使用水溶性液体色素，还会搭配喷粉使用。

第五节

常用裱花材料制作

奶油霜裱花

材料	
白砂糖	140克
蛋白	140克
水	50克
韩国白黄油	450克
柠檬汁	5克

工具			
糖锅	1个	微波炉	1台
电磁炉	1台	牛角刀	1把
橡皮刮刀	1个	毛巾	1条

准备

 韩国白黄油切块。

2 准备好所需的材料和工具。

制作过程

1 将白砂糖与水放入糖锅中，开始熬煮，至118℃。

2 同时，将蛋白放入搅拌机中，快速打发至硬性发泡。

3 将煮好的糖水立即倒入蛋白中，继续高速打发，使其降温，再由高速转变为中速。接着再调为慢速打发一会儿，减少蛋白霜中的气泡。

4 蛋白霜温度降至30℃左右时，加入白黄油。

5 再加入柠檬汁，搅打至顺滑状即可（如打发过程中出现明显的水油分离状态，不必担心，直接继续打发至顺滑即可）。

奶油霜的使用要点

奶油霜是以白黄油为主要材料制作而成的裱花材料，较易融化。所以在夏季使用时可以准备一盆冰水，加冰块最好，可以随时准备给奶油霜降温。

如果裱花过程中，已经调好颜色的奶油霜变软，不能操作，可放入冰箱冷藏，使其稍微变硬再拿出来操作。

相反，如果在冬季出现奶油霜太硬的情况，可以用将奶油霜重新放入打蛋桶中打发，一边搅拌一边加热打蛋桶，使其软化，直至奶油霜变得易于操作为止。

小贴士 NOTE

1 使用的黄油不要太软，否则后期打出来的奶油霜也会很软。

2 煮糖水的温度，最好是使用温度计控制，如果在没有设备的情况下，可以通过拉糖丝的状态判断。

3 在打蛋白霜的过程中，需要使用软刮刀不断地刮桶壁，以免材料流失。

4 过度加热奶油霜，会使奶油霜颜色焦黄、过稀，影响使用。

5 使用前将奶油霜搅拌均匀。

蛋白膏裱花

配方

蛋白粉	30克
糖粉	450克
水	70克

☼ 小贴士
　NOTE

1 打蛋白膏时，尽量使用扁状搅拌器
（又称扇形搅拌器、扁桨）进行搅
打，制作出来的形状较好。

2 由于蛋白膏干得快，打完的蛋白膏
盛放在容器后，表面需要使用潮湿
的毛巾覆盖，以防蛋白膏变干。

▌制作过程

1 将蛋白粉加入糖粉中，使用软刮刀将其搅拌
均匀。

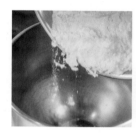 

2 将"步骤1"放入鲜奶机中，缓慢加入水。

3 慢速将其搅拌均匀。

4 使用中速搅拌7~8分钟，至中性偏干即可。

蛋白膏与其他裱花材料的区别

1　蛋白膏相对较甜。蛋白膏裱花会变得干硬，定型后可将其串成一束一束的花束。

2　蛋白膏的质感较为厚重，储存时间较久，且立体感和层次感都比其他奶油花束等要好。

3　蛋白膏裱花花卉对环境的要求较严，制作晾干的环境要求湿度低于50%，且最好使用烘干机。如果是通过闷干或阴干的花卉，则成形后容易碎。

4　蛋白膏裱花在挤花边花卉的时候，需要随时调节蛋白膏的状态，通过加粉、加水来调节稠稀度，至中性（稠稀度适宜）状态。挤花过程中要时不时地搅拌剩余的材料，防止蛋白膏的水粉分离。

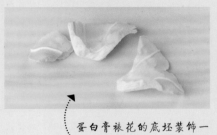

蛋白膏裱花的底坯装饰一般使用翻糖等硬性材料。

5　蛋白膏裱花完成后，偏干偏硬，不易被破坏，用力可以掰碎，内部颗粒明亮，可以直接食用。

第六节

✤

常用抹坯方法

抹刀抹面

　　以蛋糕坯尺寸为8寸做示例，使用裱花材料为鲜奶油。抹坯手法适用于鲜奶油、豆沙、奶油霜等裱花材料；适用于单坯制作。

┃ 制作过程

1 8寸蛋糕坯修去直角边，便于后期抹面。

2 细锯齿刀刀口与转台平行，将蛋糕坯锯成两等份，一只手压住蛋糕坯，另一只手前后抽动锯齿刀将蛋糕切开，用力要均匀才能切出表面没有大颗粒的蛋糕屑。

3 将打发奶油涂抹在蛋糕的中心处，用8寸抹刀从中心处开始向四周刮匀奶油，不要涂得太厚，只要把蛋糕坯盖住即可。

4 挤上果酱或是放上新鲜的水果片（水果要选水分少的，否则水分会渗入蛋糕坯而影响口感）。用抹刀把果酱涂开，注意不要把整个面上都涂满果酱，涂到距边缘2厘米即可，这样第二层坯子放上去就不会把果酱压得露出蛋糕侧面。

5 涂好果酱后把第二层坯子放上去，放时两手拿住两边，从蛋糕的一边开始放下去。如果是14寸的大坯子，就需用双手托住蛋糕的中心处，再往下放，不能拿两边，以防蛋糕发生断裂。

6 放好坯子后用双手将蛋糕坯向外拉或是向里推，使其侧边整齐一致，最后要轻压一下蛋糕坯使其黏合得更好些。

7 涂淡奶油时要把奶油堆在蛋糕的中央，淡奶油的量为蛋糕体积的一半。

8 将刀放在蛋糕的中心点上，以中心点为圆心，用均匀的力度把奶油涂抹开，起初先用刀的前端压一下鲜奶油，使奶油向四周扩开。

9 将奶油推平，需学会左右推刀的技巧，每推一刀（距离4厘米）就回刀一次（距离2厘米），这个是边转转盘边做的动作，所以两手的动作需协调一致，抹至"图10"的效果。

10 顶部奶油抹到超出蛋糕直径2厘米，即可抹侧面。

11 抹侧面时，先把顶部多出来的奶油向下推，再用刀挑奶油在侧面涂抹，侧面涂奶油时也要用左右推刀的技巧，方法与顶部一样（详见"步骤9"）。

12 侧面抹到高出顶部2厘米即可。

13 用粗锯齿刀（或用锯齿刮板）垂直于面刮出纹路，有了纹路蛋糕的装饰感强些。

14 用抹刀把高起的奶油分多刀把其刮平，注意刀与蛋糕面的角小于30°以下最好。

15 最后一刀带平时，刀的起点由后向前一次带平，带到距蛋糕边缘2厘米处时就不要再抹了，此时刀要从右侧横向移开，这样就不会出现力道过于集中而奶油受压向外露出的情况。

"一刀收"直面

1 在蛋糕顶部放置蛋糕体体积一半的奶油量，刀柄与转台平行，刀刃翘起30°，以蛋糕中心点为轴心将蛋糕坯顶部的奶油推平。

2 刀尖离奶油边缘约2厘米，刀柄与转台呈30°，刀刃翘起30°，轻轻向下压并向外推。

将奶油控制在刀面的内侧。

3 刀柄在30°~75°发生变化（这是随着蛋糕坯弧度的变化而变的角度）。

4 刀柄垂直于转台，并将奶油控制在刀面的内侧。

5 刀柄垂直于转台直至将奶油侧面抹平，侧面高于蛋糕顶部平面约1厘米。

6 刀面整体垂直于转台。

刀面与垂直侧面夹角呈30°。

7 刀整体平行向蛋糕顶部中心点移动，直至表面光滑、无气泡即可。

一个合格的直面标准

1 直角分明，圆弧线条清晰利落。

2 鲜奶油细腻光泽度高。

3 蛋糕侧面奶油厚度在1厘米左右，顶部奶油厚度在2厘米左右。如果操作熟练，完成时间在1~2分钟。

一个合格的直面标准

刮片抹面

1 常见的刮片种类

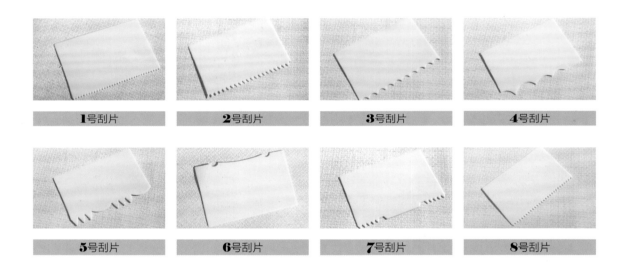

1号刮片　　2号刮片　　3号刮片　　4号刮片

5号刮片　　6号刮片　　7号刮片　　8号刮片

2 常用的刮片使用方法

刮

右手拿刮板保持不变，只要左手配合转动转盘，这一动作即为刮。刮的轨迹可直线运动，也可做曲线运动。

挑

把奶油放在盆中抹平，将刮片加热或表面淋少许水，再用刮片从抹好的奶油盆里挑出奶油，然后把其放在蛋糕面上，做出弧度与样式。

压

用刮片（抹刀也可）在蛋糕上做向上、向前或向下压奶油的动作，用压的手法做面，要求被压部位的奶油要多些，否则很容易露坯子。

推

用刮片（抹刀也可）把蛋糕侧面的奶油向里推，使其产生凹凸感。

 拍打

用刮片在奶油表面做上下或前后拍打的动作，动作要连贯，拍打有连续式拍打和断开式拍打两种，前者能使表面显得光滑，后者则略显粗糙。

连续性拍打　　　　　　断开式拍打

3　快速抹面法——刮板刮面要点

刮板的正确拿法

拿刮片时，大拇指在刮片面的内侧，其余的手指在刮片面的外侧，切记手指只是为了将工具拿稳、拿牢、定型，一旦工具接触到奶油，任何手指不可以再次发力。

正面效果　　　　　　反面效果

刮板刮直面要点

侧面要点

1　刮蛋糕侧面时，把刮片放在4点钟的位置，人的身体中心线对准6点钟位置，左手放在8点钟位置，并用中指来回转动转盘，要注意这三个点的位置，在开始刮面时不可随意变换位置，特别是左手（转转盘的那只手的位置）。

2 刮片应垂直于转台并与蛋糕侧面张开35°（这个角度是人体做这个姿势最舒服的角度，也是最适合把鲜奶油抹光滑的角度），将刮片贴于蛋糕表面，左手匀速转动转盘、右手在4点钟位置不变（角度也不变），保持垂直直至蛋糕侧面光滑。

顶部要点 ◀

1 刮蛋糕顶部时，左手放在7点钟位置转动转盘，右手拿刮片放在9点钟位置。

2 刮片的刮面要与蛋糕顶部平面呈80°~85°，用刮片的一个角对准蛋糕顶部边缘开始刮面，刮面时刮片是在蛋糕的半径内移动，并从蛋糕边缘匀速向蛋糕顶部中心点移动。

3 当刮到蛋糕中心时，刮片应与蛋糕顶部面呈90°，且刮片横切面与鲜奶油面的半径呈90°，刮片从蛋糕中心处结束并取下多余的鲜奶油。这个过程都要求左手位置不变且转盘在匀速转动的情况下进行。

底部要点 ◀

1 刮蛋糕底部时，左手一次用力转动转盘后，尽量不再触碰转盘；同时右手拿刮板，用刮板直角处对准底部，整体倾斜往上，与底边夹角呈15°，向下切分底边多余的奶油。

底部1

2 左手一次用力转动转盘后，尽量不再触碰转盘；右手拿刮板，刮板的直角处轻触底边，直角边贴于转盘上，快速收起多余奶油。

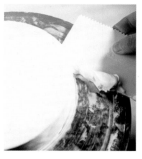

底部2

刮板抹圆面的技巧

制作过程

1 将蛋糕坯切成三等份。

2 在第一层抹上一层打发奶油，鲜奶油的量不宜多，以正好覆盖蛋糕坯为宜。

3 可在抹好奶油的第一层蛋糕上如图放些果丁（宜选用新鲜的、含水量少的水果），再在表面抹一层鲜奶油以使水果更好地固定在蛋糕坯上；重复叠放切割好的三层蛋糕坯。

4 用少许的鲜奶油把蛋糕坯先涂满，主要为了防止蛋糕屑被带起来。

5 将鲜奶油装入裱花袋中，由下向上均匀地挤上一圈厚约2厘米的鲜奶油（这种抹法容易成功，适合入门者），挤时要注意线条与线条之间不能有空隙，也不能用奶油反复地在同一个地方挤线条，必须均匀地挤奶油，这是抹面的关键点。

6 选一个塑料刮片，长度以蛋糕顶部中心处到蛋糕底部的弧长为准，宽度以7厘米为宜（是人的手指尖与手掌中心处长度），使用刮片时，刮片与蛋糕面呈45°夹角，用虎口夹住刮片，大拇指在四个手指的下面与无名指在一起，小拇指与无名指控制蛋糕的侧面，由于蛋糕的侧面是垂直的所以刮片也要是垂直的，中指食指是用来控制蛋糕弧度的，所以这两个手指要尽量分开大些，这样才能将蛋糕的弧度刮出来。刮面时右手刮片保持原地不动（只要调整几个手指的力度即可），左手顺时针匀速转动转盘。

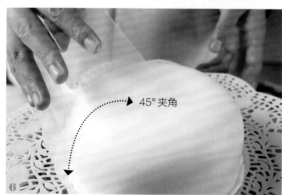

45°夹角

刮片与蛋糕面呈45°夹角。

抹圆面易犯的错误

1 拿刮片时，小拇指翘起，底部刮片力度不均，蛋糕的侧面不易抹直。

2 抹面时，刮片的顶部没有放在蛋糕的中心点处刮，刮片的尖部把表面的奶油给铲起来了。

3 拿刮片时，刮片没有翘起，整体过于平了（就会有抹着很费劲使不上力），导致蛋糕的中间处总是抹不到。

CHAPTER 02

第二章

花边制作
基础

第一节

常用花嘴和花边

圆嘴

圆嘴又称动物嘴，有大、中、小号之分，适合挤动物、人物、鸟类等圆球体的图案。有时在实际操作中不便使用裱花嘴，会直接用裱花袋挤出圆形物体，这种方法挤出来的图案容易变形。

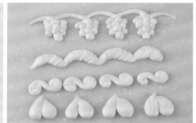

叶形嘴

因挤出来的纹样似树叶而得名，是做花卉蛋糕时必用的花嘴。

圆锯齿嘴

均匀的锯齿状花纹，选购齿密的效果较好，做花、做边、挤小动物均可。

弯花嘴

弯花嘴是做花卉、花边的常用花嘴，比如做玫瑰花和裙边。

花边制作的手法

抖

花嘴通过均匀地抖动制作出纹路。做这一动作时，花嘴可多种角度使用，制作出的图案效果也不一样。

走直线的花纹效果

走曲线的花纹效果

走直线的花纹效果

直拉

将花嘴悬在一定的高度，保持匀速地挤奶油，做出的花纹为直拉手法。这种手法比较适合那些有齿纹的花嘴。这种手法的技巧为均匀地用力挤奶油，手心中握住的奶油尽量多些。还有一点就是转盘转动的速度也要均匀，才能做好此种手法。

走曲线的花纹效果

挤

花嘴悬在一定的高度做各种花纹变化，是靠花嘴自身的图案挤出来后再经过人为绕或拼，这种手法往往是一个一个断开来做，技巧为一挤、一松、一顿。

原地挤花纹

原地绕圈挤花纹

两次拼出花纹

左右S形绕花纹

第二节

❖

常用花边制作

不规则线条

花嘴使用：惠尔通1号花嘴

可替换花嘴：特小号圆形花嘴

可用裱花材料：鲜奶油、奶油霜、豆沙、蛋白膏等

┃ 制作过程

将惠尔通1号花嘴装入裱花袋，装入不超过一半的裱花材料。将裱花袋提起，裱花嘴在表面以上一点的距离，使用均匀的力度挤裱花袋，使得裱花材料随意流出，形成不规则的环形。

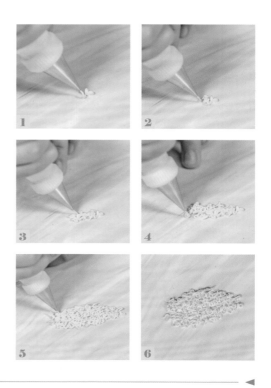

走迷宫

花嘴使用：惠尔通2号花嘴

可替换花嘴：特小号或小号圆形花嘴

可用裱花材料：鲜奶油、奶油霜、豆沙、蛋白膏等

┃ 制作过程

将惠尔通2号花嘴装入裱花袋，装入不超过一半的裱花材料，裱花嘴轻轻与表面接触，从边缘处开始挤，挤出一条连续的曲线，上、下、环绕弯曲，经常变换

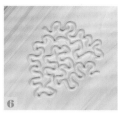

方向，避免"有迹可循"的线条模式，
且弯曲的线条不能交叉重叠。

网格状

花嘴使用：惠尔通2号花嘴+惠尔通16号花嘴

可替换花嘴：特小号或小号圆形花嘴+小号锯齿花嘴

可用裱花材料：鲜奶油、奶油霜、豆沙、蛋白膏等

▌制作过程

将2号花嘴装入裱花袋，装入不超过一半的裱花材料，裱花嘴与表面倾斜45°，挤出由长到短的平行直线条。
从挤好的直线条边缘开始向另一边挤出与其垂直的直线条，整体呈一个等边三角形的网格状。使用16号花嘴
在一边中间位置开始以E形或之字形花边挤出一圈，以隐藏网格粗糙的边缘。

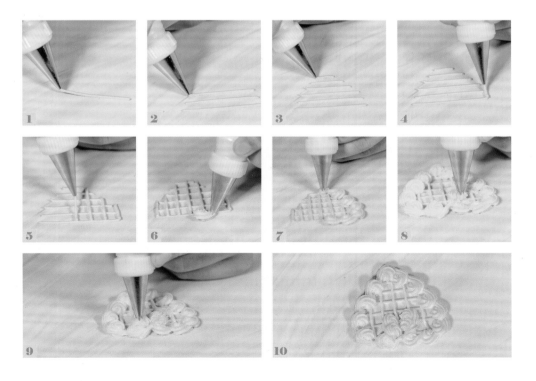

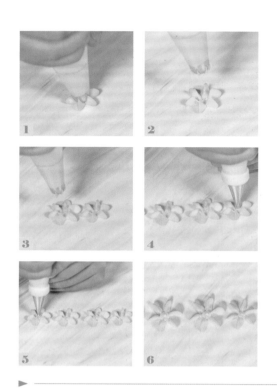

星形水滴花

花嘴使用：惠尔通2D号花嘴+小号圆形花嘴

可替换花嘴：锯齿花嘴+小号圆形花嘴

可用裱花材料：鲜奶油、奶油霜、豆沙、蛋白膏等

▌制作过程

将2D花嘴装入准备好的裱花袋中，手握裱花袋，垂直于表面，花嘴刚好碰到表面，挤出蛋白膏，在蛋白膏堆积形成花朵的形状时停止。使用小号圆形花嘴，握住裱花袋，垂直于花中间，花嘴刚好碰到花，挤出一个小点，保持花嘴埋在里面，挤好后停止。

旋转水滴花朵

花嘴使用：惠尔通2D号花嘴+小号圆形花嘴

可替换花嘴：锯齿花嘴+小号圆形花嘴

可用裱花材料：鲜奶油、奶油霜、豆沙、蛋白膏等

▌制作过程

将2D花嘴装入准备好的裱花袋中，手握紧裱花袋，垂直于表面，花嘴刚好碰到表面。在挤之前，将手转1/4圈，手背远离自己，手指关节在九点钟方向。挤蛋白膏，同时转动手腕，直到手转到自然舒适的位置，指关节在十二点钟方向，停止挤，花嘴垂直提起。使用小号圆形花嘴，垂直在花的中心挤上花芯即可。

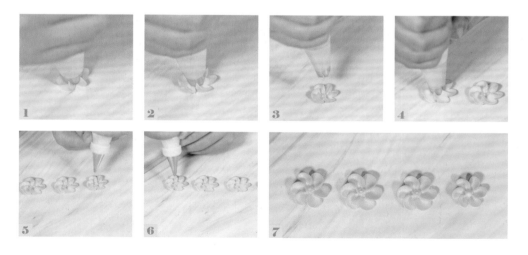

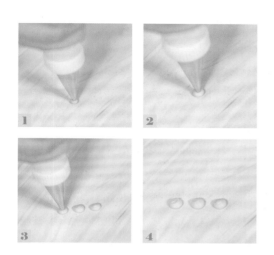

点球

花嘴使用：惠尔通3号花嘴

可替换花嘴：中号圆形花嘴

可用裱花材料：鲜奶油、奶油霜、豆沙、蛋白膏等

▌制作过程

将3号花嘴装入准备好的裱花袋中，将裱花袋垂直于表面，与表面保持一点距离，使用均匀稳定的力度，让裱花材料堆起，直到碰到花嘴，并且奶油稍微覆盖花嘴，停止挤，将花嘴旋转移开，收尾的点刮到一边，使得表面光滑。

锯齿绣纹路

花嘴使用：惠尔通3号花嘴

可替换花嘴：中号圆形花嘴

可用裱花材料：鲜奶油、奶油霜、豆沙、蛋白膏等

▌制作过程

将3号花嘴装入准备好的裱花袋中，将裱花袋垂直于表面，花嘴轻轻离开表面一点。在同一水平线上使用均匀稳定的力度，挤出4个一样的点，且保证点与点之间没有空隙。再接着一排挤上3个点，在第一排的上面或者下面都可以，随后在第二排3个中间挤上两个点，再在两个点中间挤上一个点即可完成图案。

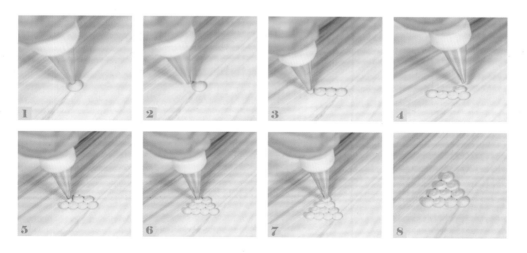

轮廓和填充（心形）

花嘴使用：惠尔通3号花嘴

可替换花嘴：中号圆形花嘴

可用裱花材料：鲜奶油、奶油霜、豆沙、蛋白膏等

▎制作过程

将3号花嘴装入准备好的裱花袋中，将裱花袋与表面倾斜45°，花嘴轻轻离开表面一点，均匀用力画心形，先挤出心的一半，随后再挤出心的另一半，取较稀的裱花材料在心形外框内填充即可。

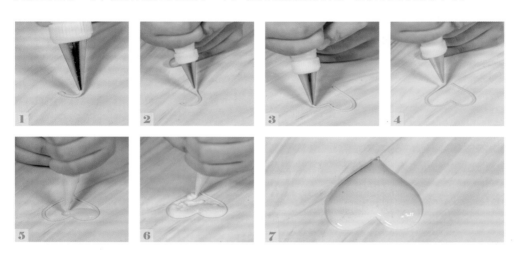

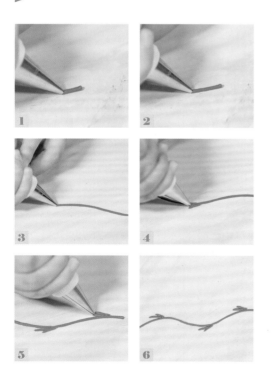

葡萄藤蔓

花嘴使用：惠尔通3号花嘴

可替换花嘴：中号圆形花嘴

可用裱花材料：鲜奶油、奶油霜、豆沙、蛋白膏等

▎制作过程

将3号花嘴装入准备好的裱花袋中，将裱花袋与表面倾斜45°，挤的时候，花嘴轻轻接触表面，微微向上抬起，上下移动形成"峰和谷"的波浪状。结束时停止用力，移开裱花嘴即可。从主杆处拉至一个点，挤出葡萄藤蔓的茎，停止用力，快速拔出，尾部呈尖角。挤茎的方向与挤主杆的方向是同一个方向。

心形

花嘴使用： 惠尔通5号花嘴

可替换花嘴： 中号圆形花嘴或大号圆形花嘴

可用裱花材料： 鲜奶油、奶油霜、豆沙、蛋白膏等

▌制作过程

将5号圆形花嘴装入准备好的裱花袋中，将裱花袋与表面倾斜45°，花嘴轻轻离开表面一点，用力挤出裱花材料，到尾部时停止用力，将裱花嘴拿开并带出尖。同样的手法在另一边挤出心形的另一半，根部交汇。两半刚好形成一个心形。

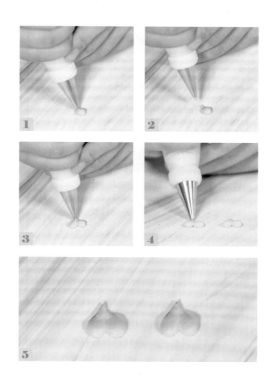

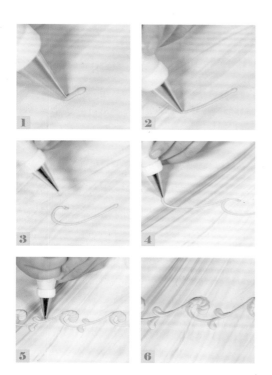

浪花花边

花嘴使用： 惠尔通5号花嘴

可替换花嘴： 中号圆形花嘴或大号圆形花嘴

可用裱花材料： 鲜奶油、奶油霜、豆沙、蛋白膏等

▌制作过程

将5号圆形花嘴装入准备好的裱花袋中，将裱花袋与表面倾斜45°，均匀用力，挤出向下的曲线，每根曲线都保持一样长度和宽度。再在每根曲线底部挤一层裱花材料，在每根曲线中间位置挤出小的弯曲贝壳作为装饰。

反向浪花花边

花嘴使用：惠尔通5号花嘴

可替换花嘴：中号圆形花嘴或大号圆形花嘴

可用裱花材料：鲜奶油、奶油霜、豆沙、蛋白膏等

▎制作过程

将5号圆形花嘴装入准备好的裱花袋中，将裱花袋与表面倾斜45°，均匀用力，挤出向下的曲线，随后在曲线的边缘挤出一个反向的曲线，与浪花花边手法相同，在曲线底部挤上一层裱花材料，在主杆上挤出小的弯曲贝壳。

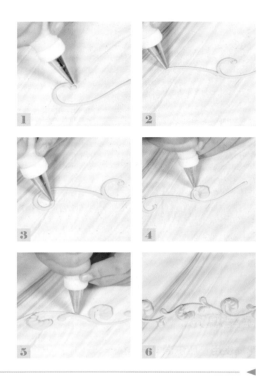

拉点

花嘴使用：惠尔通12号花嘴

可替换花嘴：大号圆形花嘴

可用裱花材料：鲜奶油、奶油霜、豆沙、蛋白膏等

▎制作过程

将12号花嘴装入裱花袋，装入不超过一半的裱花材料，手握裱花袋，垂直于表面，花嘴稍微距离表面一点，使用均匀的力度挤出比抹刀前端大的点。将抹刀放置在点的中间，轻轻向下并向后拉动，将抹刀的纹路留在裱花材料上。在第一个点的尾部以相同的方法挤上相同的点，挤出所需的长度即可。

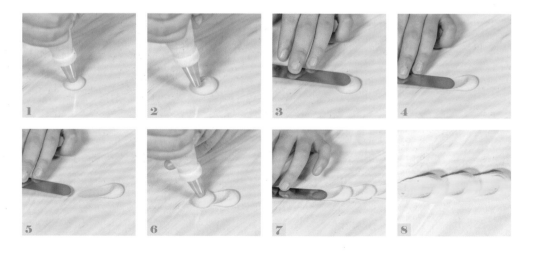

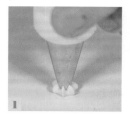

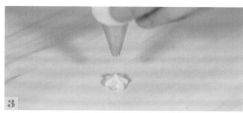

星星

花嘴使用：惠尔通18号花嘴

可替换花嘴：小号六齿锯齿花嘴

可用裱花材料：鲜奶油、奶油霜、豆沙、蛋白膏等

制作过程

取黄色裱花材料，将裱花嘴垂直于桌面，保持不动，左手扶着裱花袋尖端，垂直挤出适当大小的星星后减小手的力度至停止用力，抬起。

星星填充

花嘴使用：惠尔通18号花嘴

可替换花嘴：小号六齿锯齿花嘴

可用裱花材料：鲜奶油、奶油霜、豆沙、蛋白膏等

制作过程

取黄色裱花材料，以挤星星的手法，每颗星星紧挨着不产生空隙，依次挤出从上至下五个、四个、三个、两个、一个，组成三角形状即可。

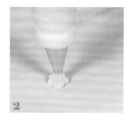

拔星星

花嘴使用：惠尔通18号花嘴

可替换花嘴：小号六齿锯齿花嘴

可用裱花材料：鲜奶油、奶油霜、豆沙、蛋白膏等

制作过程

取黄色裱花材料，裱花嘴垂直于桌面，保持不动，左手扶着裱花袋尖端，垂直挤出适当大小的星星后均匀地将手的力度减小，拔出尖即可。

波浪形花边（弯曲花边）

花嘴使用：惠尔通18号花嘴

可替换花嘴：小号六齿锯齿花嘴

可用裱花材料：鲜奶油、奶油霜、豆沙、蛋白膏等

| 制作过程

取装好裱花材料的裱花袋，将花嘴与桌面倾斜45°，匀速画弧形，手掌的力度保持均匀，挤出合适的长度和个数即可。

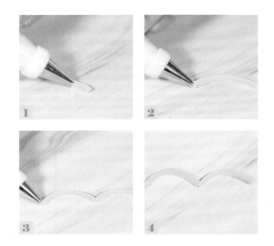

玫瑰丛

花嘴使用：惠尔通18号花嘴

可替换花嘴：小号锯齿花嘴（六齿）

可用裱花材料：鲜奶油、奶油霜、豆沙、蛋白膏等

| 制作过程

取装好裱花材料的裱花袋，将花嘴垂直于桌面，手掌均匀用力，画圆挤出玫瑰丛，结尾稍微叠在开头的蛋白膏上。

E 形装饰花边

花嘴使用：惠尔通18号花嘴

可替换花嘴：小号锯齿花嘴（六齿）

可用裱花材料：鲜奶油、奶油霜、豆沙、蛋白膏等

| 制作过程

取装好裱花材料的裱花袋，将花嘴与桌面倾斜45°，均匀用力，画一个圆后往后画微直的弧度，再挤出相同大小的圆，类似画字母"E"的形状。

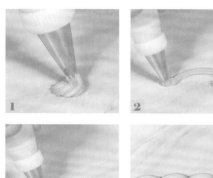
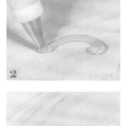

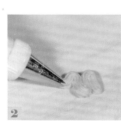

C 形装饰花边

花嘴使用： 惠尔通18号花嘴

可替换花嘴： 小号锯齿花嘴（六齿）

可用裱花材料： 鲜奶油、奶油霜、豆沙、蛋白膏等

▌ 制作过程

取装好裱花材料的裱花袋，将花嘴与桌面倾斜45°，均匀用力，画一个圆后，将其向后拉弧度，再挤同样大小的圆，形成整体由字母"C"组成的花边。

之字形装饰

花嘴使用： 惠尔通18号花嘴

可替换花嘴： 小号锯齿花嘴（六齿）

可用裱花材料： 鲜奶油、奶油霜、豆沙、蛋白膏等

▌ 制作过程

取装好裱花材料的裱花袋，将花嘴与桌面倾斜45°，均匀用力，画出汉字"之"字，挤出适宜长度即可。

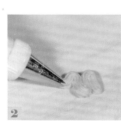

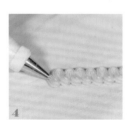

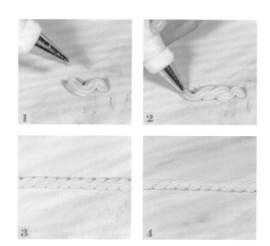

绳边

花嘴使用： 惠尔通18号花嘴

可替换花嘴： 小号锯齿花嘴（六齿）

可用裱花材料： 鲜奶油、奶油霜、豆沙、蛋白膏等

▌制作过程

取装好裱花材料的裱花袋，将花嘴与桌面倾斜45°，挤出S形花边，在S形花边的一半挤出大小相等的"S"，依次挤出适宜长度即可。

贝壳花边

花嘴使用： 惠尔通18号花嘴

可替换花嘴： 小号锯齿花嘴（六齿）

可用裱花材料： 鲜奶油、奶油霜、豆沙、蛋白膏等

▌制作过程

取装好裱花材料的裱花袋，将花嘴与桌面倾斜45°，挤蛋白膏的力度由大到小，开始挤时力度放大，同时裱花嘴向前方稍微推动，随后力度减小向后拉至收尾，紧接着在第一个收尾的地方以同样的手法挤出相同大小的贝壳形花边，挤至所需数量即可。

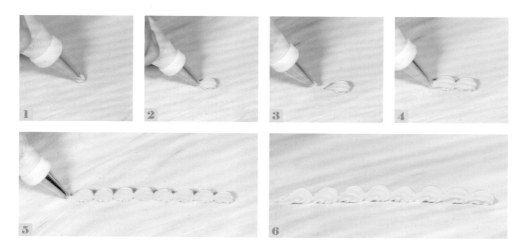

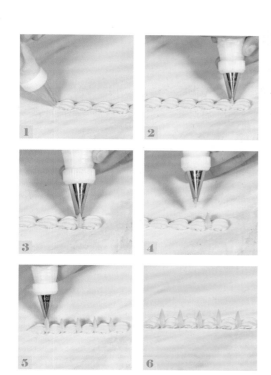

长笛状贝壳花边

花嘴使用：惠尔通18号花嘴

可替换花嘴：小号锯齿花嘴（六齿）

可用裱花材料：鲜奶油、奶油霜、豆沙、蛋白膏等

▋ 制作过程

取装好裱花材料的裱花袋，将花嘴与桌面倾斜45°，与挤贝壳花边的手法相同，挤出适宜长度，再使用104号花嘴在两个贝壳形的裱花材料中间竖着挤出一小块扇形即可，力度由大到小，使用略大力度向前方稍微推动后，逐渐减小力度向后下方拉至收尾。

旋转贝壳花边

花嘴使用：惠尔通18号花嘴

可替换花嘴：小号锯齿花嘴（六齿）

可用裱花材料：鲜奶油、奶油霜、豆沙、蛋白膏等

▋ 制作过程

取装好裱花材料的裱花袋，将花嘴与桌面倾斜45°，用力挤出，并转圈，形成弯曲贝壳花边，转到开始位置时，向下拉拽，停止挤裱花材料，带出尾巴。依次在每个弯曲贝壳花边尾巴位置挤出相同大小的旋转贝壳花边，挤至所需长度即可。

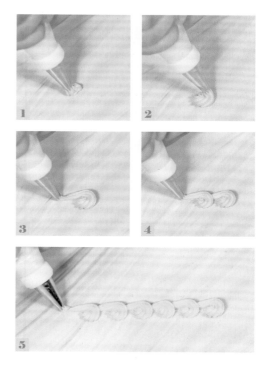

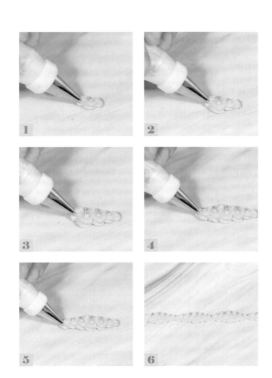

之字形堆叠花边

花嘴使用：惠尔通18号花嘴

可替换花嘴：小号锯齿花嘴（六齿）

可用裱花材料：鲜奶油、奶油霜、豆沙、蛋白膏等

制作过程

取装好裱花材料的裱花袋，将花嘴与桌面倾斜45°，微微触碰表面，将裱花嘴贴着表面上下移动，滑动挤出形状，开始的时候力度小些，到中间时力度大些，并且增加高度，随后逐渐减小力度、减少高度至锥形收尾。挤时使用手臂带动挤出形状（不是用手腕带动挤），且挤的同时保持空间大小均衡。根据需要，以相同的手法连续挤出所需的长度。

直立贝壳花边

花嘴使用：惠尔通18号花嘴

可替换花嘴：小号锯齿花嘴（六齿）

可用裱花材料：鲜奶油、奶油霜、豆沙、蛋白膏等

制作过程

取装好裱花材料的裱花袋，将花嘴与桌面倾斜45°，裱花嘴在表面以上一点，用力挤，让裱花材料挤出来，随后减小用力，裱花嘴轻轻向下接触表面，拉成一个点的时候停止用力即可，根据所需挤出一系列同样的直立贝壳，从而形成一个适合的花边。

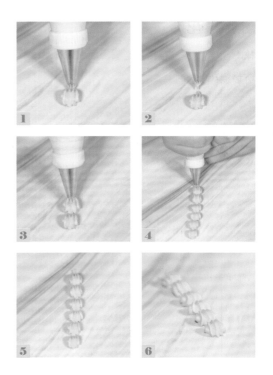

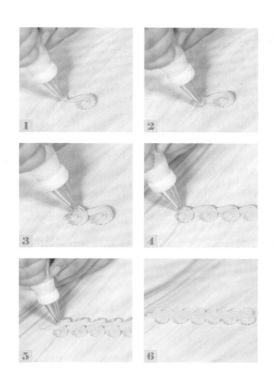

弯曲贝壳花边

花嘴使用：惠尔通18号花嘴

可替换花嘴：小号锯齿花嘴（六齿）

可用裱花材料：鲜奶油、奶油霜、豆沙、蛋白膏等

▌制作过程

取装好裱花材料的裱花袋，将花嘴与桌面倾斜45°，裱花嘴稍微在表面以上，用力挤，向左或向右移动，随后轻轻抬起并且向下同时绕圈，形成一个逗号的形状。在收尾的尾巴表面以上相同位置开始并重复挤，形成整条花边。按照同样的手法在第二行挤出反方向且同样弯曲的贝壳花边，然后在两条弯曲贝壳花边上方中间位置挤上一条标准贝壳花边即可。

之字形花环

花嘴使用：惠尔通18号花嘴

可替换花嘴：小号锯齿花嘴（六齿）

可用裱花材料：鲜奶油、奶油霜、豆沙、蛋白膏等

▌制作过程

在蛋糕或桌面画出花环的外形，取装好裱花材料的裱花袋，将花嘴与桌面倾斜45°，裱花嘴轻轻触碰表面，用力挤，将裱花嘴沿着花环形状上下移动，开始不用太用力，随着之字形高度的提升，轻轻加大力度一直挤到中间，随后减小力度并降低之字形高度，一直挤到结尾不再用力，将裱花嘴移开即可。根据所需花环的个数，以相同手法去挤即可。

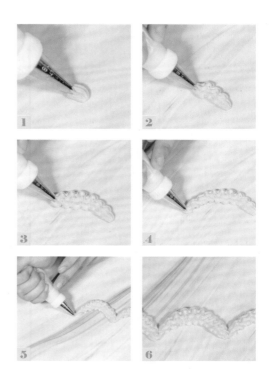

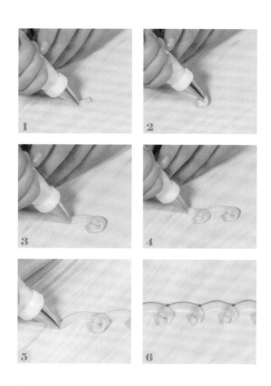

C 形丝带花边

花嘴使用：惠尔通47号花嘴

可替换花嘴：小号扁齿花嘴

可用裱花材料：鲜奶油、奶油霜、豆沙、蛋白膏等

▌制作过程

将47号花嘴装入裱花袋，装入不超过一半的裱花材料，花嘴锯齿一边朝上，与表面倾斜45°，用力均衡，三点钟方向挤出一系列C形花边，挤到前一个C形的尾巴部分稍稍抬起裱花嘴。

双层褶皱花边

花嘴使用：惠尔通47号花嘴

可替换花嘴：小号扁齿花嘴

可用裱花材料：鲜奶油、奶油霜、豆沙、蛋白膏等

▌制作过程

将47号花嘴装入裱花袋，装入不超过一半的裱花材料，花嘴与表面倾斜45°，在三点钟方向开始挤，挤出细长C形丝带花边。在细长C形花边下挤上垂幔花边即可。

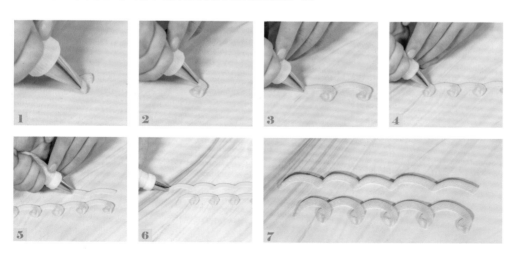

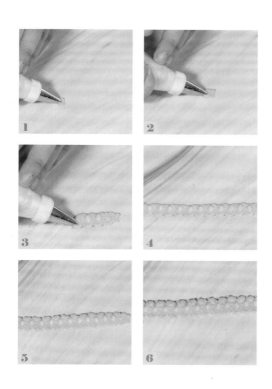

之字形叶子花边

花嘴使用：惠尔通66号花嘴

可替换花嘴：小号叶形嘴

可用裱花材料：鲜奶油、奶油霜、豆沙、蛋白膏等

制作过程

将66号花嘴装入裱花袋，装入少许裱花材料，裱花嘴宽的一头轻轻触碰表面并与表面平行，窄的一头略微朝上，三点钟方向倾斜45°挤出花边，上下移动整个手臂。挤的过程中，花嘴要轻轻和表面接触。

褶皱叶子花边

花嘴使用：惠尔通66号花嘴

可替换花嘴：小号叶形嘴

可用裱花材料：鲜奶油、奶油霜、豆沙、蛋白膏等

制作过程

将66号花嘴装入裱花袋，装入一半以下的裱花材料，将花嘴宽的一头轻轻触碰表面，并与表面平行，窄的一头朝上，轻轻与表面接触，开始挤。裱花袋与表面倾斜45°，三点钟方向开始挤，上下移动裱花袋，形成褶皱，向前移动时稍微将裱花嘴向上提起，向后移动时，稍微降低裱花嘴的位置。持续挤，挤出所需长度即可停止用力，移开裱花嘴。

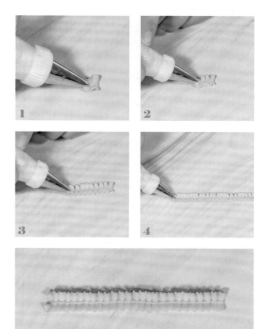

裁剪式之字形

花嘴使用：惠尔通66号花嘴

可替换花嘴：小号叶形嘴

可用裱花材料：鲜奶油、奶油霜、豆沙、蛋白膏等

▌制作过程

将66号花嘴装入裱花袋，装入不超过一半的裱花材料，花嘴与表面倾斜45°，稳定均衡用力，在四点半方向挤出向下的对角线，第一条末端开始一点半方向挤出向上的对角线，重复相同的动作即可。

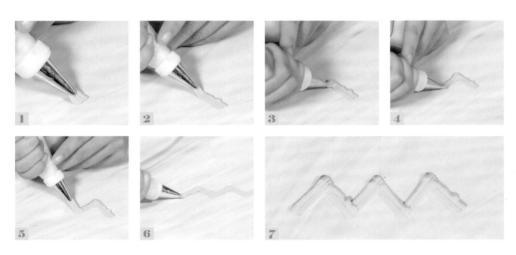

弯曲褶皱花边

花嘴使用：惠尔通81号花嘴

可替换花嘴：U形花嘴

可用裱花材料：鲜奶油、奶油霜、豆沙、蛋白膏等

▌制作过程

将81号花嘴装入裱花袋，装入不超过一半的裱花材料，裱花嘴圆的部分朝上，花嘴在表面上一点点，与表面倾斜成45°，三点钟方向用力挤，裱花袋向右移动时减少用力。挤完一个后不要将裱花嘴移开，继续重复直到挤完整个花边即可。

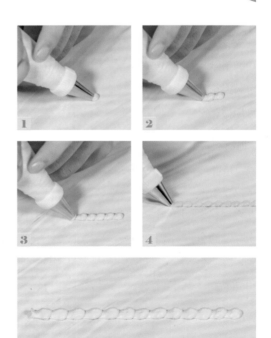

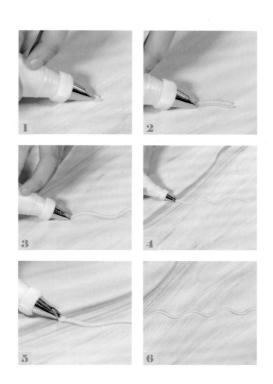

弯曲之字形花边

花嘴使用：惠尔通81号花嘴

可替换花嘴：U形花嘴

可用裱花材料：鲜奶油、奶油霜、豆沙、蛋白膏等

制作过程

将81号花嘴装入裱花袋，装入不超过一半的裱花材料，裱花嘴圆的部分朝下，花嘴轻轻和表面接触。花嘴与表面倾斜成45°，三点钟方向均匀用力挤，整条手臂上下移动，呈均匀柔和的波浪形。

经典褶皱

花嘴使用：惠尔通104号花嘴

可替换花嘴：直花嘴

可用裱花材料：鲜奶油、奶油霜、豆沙、蛋白膏等

制作过程

将104号花嘴装入准备好的裱花袋中，将裱花嘴与表面倾斜45°，花嘴宽的一头轻轻接触表面，窄的一头提起。挤的时候手腕抬起，向上拉，然后向下，完成一个波浪的褶皱，手腕在移动时只有窄的那头在移动，随后将宽的那头轻轻向右边移动一下即可，反复相同的动作即可。

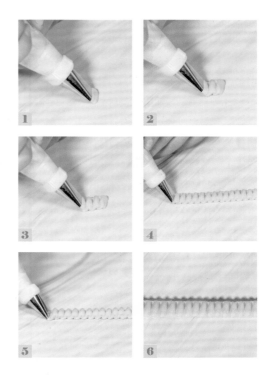

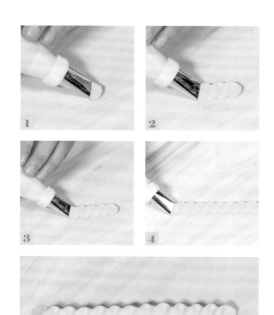

简单褶皱花边

花嘴使用：惠尔通104号花嘴

可替换花嘴：直花嘴

可用裱花材料：鲜奶油、奶油霜、豆沙、蛋白膏等

▎制作过程

将104号花嘴装入准备好的裱花袋中，将裱花嘴与表面倾斜45°，花嘴宽的一头轻轻贴着表面，窄的一头向上稍微抬起一个角度，三点钟方向沿着表面使用手掌用力挤，上下移动，并往前滑动，挤的过程中保持力度均衡。

褶皱花环

花嘴使用：惠尔通104号花嘴

可替换花嘴：直花嘴

可用裱花材料：鲜奶油、奶油霜、豆沙、蛋白膏等

▎制作过程

将104号花嘴装入准备好的裱花袋中，将裱花嘴与表面倾斜45°，花嘴宽的一头接触表面，窄的一头不触碰表面。在四点半方向上下轻轻移动手臂，呈之字形动作，使用均衡的力量继续挤出下面的花环形状。

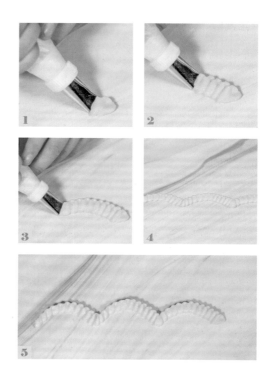

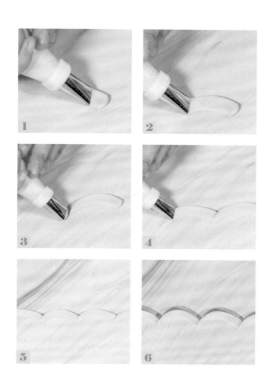

垂幔花边

花嘴使用：惠尔通104号花嘴

可替换花嘴：直花嘴

可用裱花材料：鲜奶油、奶油霜、豆沙、蛋白膏等

▌制作过程

将104号花嘴装入准备好的裱花袋中，将裱花嘴与表面倾斜45°，花嘴宽的一头接触蛋糕，窄的一头向下抬起，与表面有个角度，挤蛋白膏，挤的过程中宽的一头始终接触蛋糕，窄的一头始终保持相同的角度，用均匀的力度去挤。当挤到一条花边的末端与另一条花边的分界处时，手不要用力，但也不要抬起，继续挤下一条花边时接着用力重复着保持花边长度和宽度一致即可。

褶皱花边

花嘴使用：惠尔通44号花嘴

可替换花嘴：圆花嘴

可用裱花材料：鲜奶油、奶油霜、豆沙、蛋白膏等

▌制作过程

将44号花嘴装入裱花袋，装入不超过一半的蛋白膏，裱花嘴轻轻和表面接触，花嘴与表面倾斜45°，用力挤出均匀的贝壳花边，然后减小用力，向下移至表面。轻轻地将裱花嘴划过去，反复挤出褶皱花边即可。

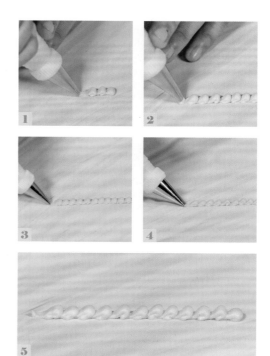

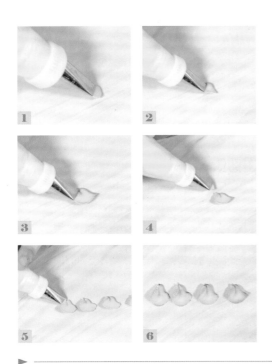

花瓣

花嘴使用：惠尔通104号花嘴

可替换花嘴：直花嘴

可用裱花材料：鲜奶油、奶油霜、豆沙、蛋白膏等

制作过程

将104号花嘴装入准备好的裱花袋中，将裱花袋与表面倾斜45°，在表面的3点钟方向挤出，花嘴宽的一头轻轻靠在表面，窄的一头稍微抬起。随着花嘴慢慢移动到边缘，逆时针方向轻轻转动表面。随着花嘴移出，表面也向左转过去，这样就形成了花瓣的宽面，将花嘴的原点处收尾，这样一个花瓣就做好了。

蝴蝶结

花嘴使用：惠尔通104号花嘴

可替换花嘴：直花嘴

可用裱花材料：鲜奶油、奶油霜、豆沙、蛋白膏等

制作过程

将104号花嘴装入准备好的裱花袋中，将裱花嘴与表面倾斜45°，花嘴宽的一端向下，窄的一端向上，于6点钟方向倾斜挤。从蝴蝶结的中间开始挤，向左移动花嘴，轻轻提起一点，绕一圈，最后回到原点。在右边再挤一条缎带，两条合在一起形成数字8的形状。将花嘴水平放置在蝴蝶结中间，从顶部开始挤，越过环状到底部，停止挤时花嘴在桌面上收尾，再次将裱花嘴放置蝴蝶结中间，挤出两条飘带。

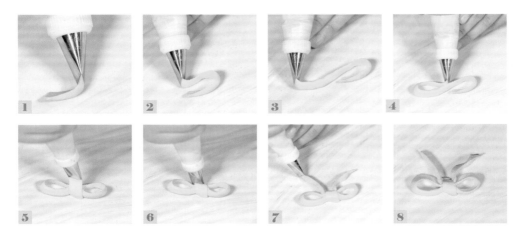

第三节
✛
花边蛋糕制作基本手法

花边蛋糕的变化很多，但是无论怎样变化，总结起来不外乎以下几种手法，即：绕、抖、挤、拉、吊、拔、编。所有的花边都是由这七种手法不断演变、组合出来的，下面就重点讲解以下这几种手法。

绕边的基本手法及演变

绕的手法是花边制作中最快捷、最基础、最常用的表现手法，它是学习蛋糕裱花的入门手法。

绕边手法的动作要领

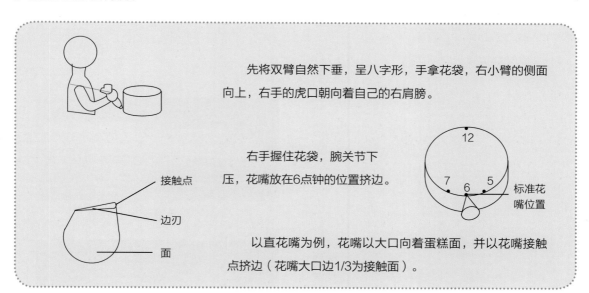

先将双臂自然下垂，呈八字形，手拿花袋，右小臂的侧面向上，右手的虎口朝向着自己的右肩膀。

右手握住花袋，腕关节下压，花嘴放在6点钟的位置挤边。

以直花嘴为例，花嘴以大口向着蛋糕面，并以花嘴接触点挤边（花嘴大口边1/3为接触面）。

在蛋糕顶部挤花时，小口2/3悬空上翘；在侧面挤花时，花嘴的大口应向上、小口向下成45°角，这样做花边有立体感。花边与面之间的角度大小是由花袋的方向来决定的，也就是说在手不动的前提下，花袋越向左转，花纹与面之间的角度越小；相反，花袋越向右转，花纹与面之间的角度越大。同时，花纹向右倾斜给人一种运动的感觉。

评价做成的花边是不是漂亮，可以从花纹的均匀程度与细腻程度两方面来衡量。如果做完的花纹不够细腻，说明绕圈的直径过大，只要适当减小就可以了，因为手臂绕圈的直径大小决定花纹的细腻程度；而如果做完的花纹不够均匀，则说明绕圈的频率不恒定，因为手绕动的频率决定了花边的均匀程度。但这都是在转盘匀速转动的前提下。

▍绕边手法的演变　◀

当我们真正理解和掌握绕边的手法后，就可以根据花边的变化原则将其变成更丰富的花边形式。下面就先来探讨一下花边的基本变化原则及方法。

花边有七大变化原则：①形状；②花嘴；③密度；④长度；⑤粗细；⑥方向；⑦角度。

我们着重介绍其中两种变化原则，形状变化和花嘴变化。

形状变化

还是用绕的手法，将做出的花纹整体形象改变一下。

 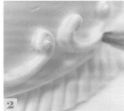

花嘴变化

用不同的花嘴依照绕边的手法去做，做出的花纹会给人一种新的感觉，如直花嘴做出的绕边显得细致圆滑，而用锯齿嘴做出的绕边给人以饱满的感觉，扁花嘴给人一种整齐细腻的感觉。

扁锯齿嘴绕

圆锯齿嘴绕

直花嘴绕

2 抖边的基本手法及演变

在完全理解和掌握绕的手法后，就进入一个看似陌生但又很熟悉的花边学习过程，这就是抖的手法。很多人在学习绕的时候做的并不是绕，而是在做抖的动作，因为部分花嘴用绕和抖做出的效果差不多，让人觉得绕就是抖，所以当学习抖的时候，大部分人会觉得自己的抖和绕都是一种感觉。如果我们不能真正理解抖的感觉，那么在将来的实践操作中就无法将花边蛋糕做得精致细腻。下面就开始抖边的学习。

▍抖边手法的动作要领　◀

做抖边手法时，身体站姿、拿花嘴的手法、膀臂的摆放与绕边手法都是一样的。只是抖边时花嘴应放在6点钟或7点钟的位置。一般情况下，用圆形花嘴时，多是放在7点钟的位置（蛋糕面中心线的左侧），花袋的尾部向着自己的肩膀如左图所示，花嘴与蛋糕面倾斜呈30°角，花嘴在蛋糕侧面做上下运动，奶油匀速地挤出；而用扁形花嘴时，通常情况下是放在6点钟位置，与侧面之间的夹角为30°～45°，同样做匀速的上下运动。上下的距离决定了花纹的细腻程度，距离大时花纹粗糙，距离小则花纹细腻；而上下的频率或转台的转速均匀与否，决定了花纹的均匀程度。在蛋糕侧面打边时，扁形的花嘴与面之间的夹角和绕边时一样，而圆形花嘴则应该倾斜45°角在侧面做上下运动。特别要注意的是，在做抖边的时候，不是以手腕做上下运动，而是以手臂做上下运动。

▍"毛毛虫"的动作要领　◀

在抖边的手法中以"毛毛虫"的形式最为多见，即"细—粗—细"的变化。以下主要以"毛毛虫"为例来解读抖边手法。

毛毛虫的练习是抖边手法中最能练习技术的，制作时动作要慢不要太急。因为很多初学者开始时都觉得抖边是最好练的，但是当他们做毛毛虫时才发现怎么都做不好，因为他们的手开始不听使唤了，想细细不了，想粗的时候又做不粗，这时才发现抖是多么难。如何才能做好毛毛虫呢？

短点形　　　　　　　　　长弧形

毛毛虫主要分为两种，即长弧形和短点形。位置也有两种，即蛋糕体的侧面和顶面，下面分别来详细说明。

侧面的长弧形在制作时手一定要放在7点钟位置，其他的动作与绕边一样，花嘴的运动方式主要是在蛋糕上侧45°角的位置，手臂做上下运动。要点是右手不要后退，主要靠转盘向外送，弧的两头是快速转动转盘同时少挤奶油，中间是转动变慢的同时逐渐多挤奶油，这样就可制成两头细中间粗的漂亮毛毛虫了。

看到这里你也许会问手不动怎样才能做出弧度呢？要记住：蛋糕面上顺着转盘运动方向的所有花纹都是在转盘转动时拉出来的，而花纹的弧度大小则是由右手做略微的前后方向运动来控制。

3 挤边的基本手法及演变

抖边是比较难掌握的一种手法，但经过练习，终于可以顺利过关进入新手法的学习，这就是我们常说的"逗号"形花边，在目前的蛋糕装饰上常用，又称"傻瓜式花边"。这种花边很简单，只要做挤和松的动作即可。

▌挤边手法的动作要领 ◀

做挤边时的站姿和做绕边时是一样的，但拿花袋的手法等细节部分不同。我们来具体说明一下：挤的时候不是手背向上，而是手心向上、虎口向右，花袋在4点钟方向，花嘴与转盘的夹角保持在30°～45°，花嘴放在蛋糕的6点钟位置挤边，小臂不动，右手除大拇指之外其余四个手指做挤、松动作。花嘴不要离开蛋糕面，当手指在挤、松的时候花嘴自然会有离开的感觉，具体的动作要领是"挤—松—转"。

手心向上　　　　　　　　手背向上

如何判断自己挤得好不好呢？主要方法是看挤出的花纹是否细腻、大小是否一致、每个纹路的间隙是否大小一样、是不是像雨点状，这些都是评判成品质量优劣的标准。在此需要指出，挤、松的均匀情况决定花纹的细腻程度，挤、松的频率状态决定了花纹的均匀程度。

▌挤边的形状 ◀

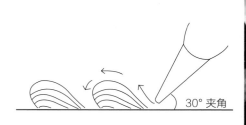

30° 夹角

4 吊边的基本手法及演变

吊边手法和物理知识有点关系，就是地球引力：同样长的线段挂在等距离的两个点上，所受的地球引力相同，所以线段出现的弧度也相同。根据这一物理理论点，我们可以轻松地做出比挤边更简单的吊边。吊边在蛋糕制作中属于面式花边，在大面积的蛋糕中使用，能给人一种饱满的感觉，而在糖膏作品中，那种层叠在一起的细吊边，又给人一种非常细腻、高档的感觉。

做吊边时，人的站姿和前面几种相同，手部动作我们在此详细讲解一下。在做吊边时，右手握住花袋，小臂做前后吊送动作，动作均匀与否决定了花纹是否均匀，弧的长度和深度决定了花纹的细腻程度，花嘴应向外倾斜30°，放在蛋糕面的6点或7点钟位置，做带着奶油的动作。花嘴角度太大奶油很容易断开，做出的花纹不够细腻；吊边时花嘴切忌画弧，这样做花边容易变形且不圆润；另一个需要注意的是，在做吊边的时候不要边吊边转转盘，因为这样吊出的花纹弧度大小会不均匀。

5 拉边的基本手法及演变

拉边分为两类：一类是带纹路的拉边，另一类是不带纹路的拉边，并且这两种拉边方法都可以分为直拉和拉弧。带纹路的拉边，尤其是带纹路的拉弧，做出的花纹非常漂亮、整齐统一，顾客也比较喜欢，但是由于它不容易掌握，在实际中运用得不多。不带纹路的拉边我们在实际操作中则用得非常多，接下来就将其分成两部分着重讲解。

▌不带纹路直拉

手握住花袋，将花嘴轻贴于蛋糕体表面或侧面，花嘴放于转盘的中心线上或偏右的点上，花嘴向右倾斜30°，手臂不动，手心略微向上，手指匀速挤出奶油即可。这道花边很简单且实用，一般用在蛋糕顶部，用以缩小面积或遮盖粗糙点，另外就是在底边用以装饰或增加蛋糕的饱满程度。因为此种手法比较简单，就不做太细的讲解了。

不带纹路直拉

不带纹路的拉弧

不带纹路的拉弧适合所有的花嘴。

拉弧与直拉的不同点是花嘴所放的位置，拉弧一般情况下花嘴放在中心偏左的点上，手背略微向上，有些扁状花嘴也放在中心线上，放在左边做出的花纹比较圆滑，不易变形。它的原理有点像心电图的工作原理，画图的指针不做前后运动只做原地的上下运动，而被画的纸张只做匀速的走动，结果我们就看到纸上留有上下波动的线条。做拉弧就是利用这一原理，将自己的手臂看作是指针，只在左边做原地的上下运动，转盘如同纸张做匀速的转动，这样就可以轻松做出漂亮的弧形花纹，另外还要注意拿花袋的手，一定是虎口向着自己，并且手背向上、手腕向下压。一定要记住，不是手在向后退而是转盘在向右转。

6 拔和编的基本手法及演变

拔的手法及运用

拔的手法在蛋糕中的用途很广，如树叶、小草、寿桃、帽子、装饰点等，主要动作是挤和提，没有太多的难点。

拔的手法在蛋糕上的运用

编的手法可分为三种：十字编、绳子编、辫子编。具体操作方法如下。

1. 十字编

在实际操作中运用得比较多，主要用于编花篮、筐、凉席、中国结、草帽等蛋糕，十字编的花边主要给人一种整齐感。

十字编在蛋糕上的运用

▌制作过程

先拉一条直线，然后在直线上拉几条相等长度的线段，长度为三个花嘴的宽度，并且每条线段之间的距离为一个花嘴的宽度，然后再拉一条线段，盖住线段的一个花嘴宽，以此类推一层层做出十字编。注意每一根都要感觉是连在一起的，不能有明显的接头，要平整，不要呈阶梯状。

2. 绳子编

一般情况下是用在蛋糕顶部。有一股绳子编法和两股绳子编法，其中一股绳编较容易操作。操作要点是靠手腕转动走S形路径。

绳子编在蛋糕上的运用

▎制作过程

在转盘的左侧挤一个头尾都在同一个圆上的S形，从S形的外侧中间部再挤一个S形，要求也是头尾都在一个圆上，如此连续做完一圈即可。要求无明显接头并且每隔一个S形头尾要相接。

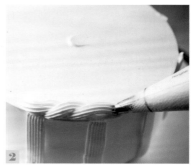

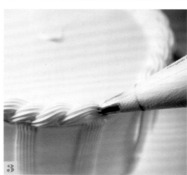

第四节

十五款花边蛋糕基础造型

第一种：以绕的手法包面

制作要点

1　花嘴在做侧面时，花嘴与侧面之间的夹角应保持在45°，这样会给人一种流畅感。

2　在制作顶部的花纹时，花嘴与面之间的夹角在30°，当角度太大时会给人一种收敛的感觉，容易看到花边的根部的粗糙点。

3　每一层花纹制作时，要注意两层花纹边缘之间的距离，其决定了两层花纹的根部的距离。

4　制作完的蛋糕花纹，与蛋糕底坯的形状一样圆滑，才是真正的掌握了花边制作。

5　制作完的花边顶面是个平面，中心部分没有空洞。

> 易犯的错误
>
> 1　每层之间的距离不够匀称，层与层边缘的距离有大有小，显得不够整齐。
>
> 2　在侧面的花嘴角度大于45°，使侧面的花边堆积太多，显得比较臃肿，并且很难包完整个面，或者包完的面比底坯大了很多。
>
> 3　每一条花边的边缘不是一条直线，有很大的起伏，制作完的蛋糕面坑坑洼洼，不够平整。
>
> 4　在制作顶部花纹时花嘴过于立起，制作出的花纹不够平，能清晰地看见根部，并且中心部分会出现空洞，显得太过粗糙。

第二种：以点绕的手法包面

制作要点

1　做此种花边时，底部的点绕花纹要大，并且逐层减小，不然就没有办法包完整个面。

2　每个花纹制作时不要太平，要按照标准操作不要将尾部翘起来拉出尖尾状，要平滑不要太明显。

3　每层之间的花纹要间隔穿插制作，保证层与层之间没有明显的空隙。

4　在制作每个花纹时，要挤得相对紧凑，圆的中心不要留有空洞。

易犯的错误

1　花嘴与面之间的距离太近，做出的花纹太扁。

2　蛋糕底部的花纹过于平行于蛋糕侧面，和底盘不够连贯，给人一种不饱满感。

3　制作的每个花纹都带有尖状尾部，使整个面显得不够细腻。每个花纹大小变化控制不好，使层与层之间的空洞太多不够整齐。

第三种：以绕弧的手法包面

制作要点

1　花嘴在蛋糕侧面时与蛋糕面之间的角度为45°，在顶部时是30°。

2　在每个弧度的后半部分手不要向自己的右上方快速地送，转盘不转，正确的手法是花嘴在绕的同时做上下运动，转盘匀速转动即可。

3　每一个弧的转折点都要慢速制作，不要过快，以免弧度不够流畅。

易犯的错误

1　在制作弧度时，拿花袋的手向前送而转盘不转，导致花纹的后半部分纹路变窄或翘起。

2　弧的前半部分花嘴下的过慢或过快，而后半部分上的过快或过慢使做的弧形不对称出现"√"形状。

3　花纹层与层之间的配合不够细腻，会出现下层花纹在制作第二层花纹时被花嘴碰坏。

第四种：以反抖弧的手法包面

▌制作要点

1　在制作蛋糕的上部花纹时花袋的尾部要向右前方 45°，也就是让
　　花嘴对着自己的左肩部，只有这样才能制出这种蛋糕的花纹。

2　花纹制作主要是从顶部向侧面做，所以层与层之间的距离一定
　　要控制好。

反抖弧和正绕弧做出的花纹感觉上只是方向有所不同，实际上是
手法的区别更为关键，正绕弧（第三种）可以用抖的方式制作出
来，但是这一种用绕的方式很难实现样式所需。

易犯的错误

1　花嘴的角度不对，导致所做的花纹容易倒塌。

2　对奶油的控制度不够，所做的花纹的形状不圆滑，弧度之间的配合不够整齐。

第五种：以抖边的手法包面

▌制作要点

1　花嘴在蛋糕侧面时与蛋糕面之间的角度为 45°，花嘴一定要放
　　在转盘的中心偏左的位置。

2　抖的时候要注意粗细变化，整体的花纹不要过粗，不然就会显
　　得笨重。

3　花纹的层与层之间要穿插制作，这样不会有太多的空隙，会使
　　面显得整齐。

易犯的错误

1　在制作时抖的手法过快并做前后运动，转盘不转，导致花纹容易变得臃肿，并且纹路不够清晰。

2　花嘴和面之间的夹角过大，做出的花纹太扁没有立体感，使整个花纹看起来不够细腻。花纹层与
　　层之间的配合不够细腻，大小控制不了，造成很多的空隙，显得粗糙。

第六种：以抖弧的手法包面

抖弧手法与"第五种"方式接近，只是在做抖的同时做了弧的动作。

制作要点

1 花嘴一定要放在中心偏左的位置，只有这样才比较容易制出纹路比较清晰的花纹。

2 在制作每个花纹时要控制奶油的挤出量，由少变多再变少，花嘴做上下动作时也要注意两头花嘴离开面的距离要小一点，中间略大一点。这样才够匀称，弧度要对称。

3 每个花纹要细腻不要过粗，太粗显得笨重，给人一种累赘感，因为本款花边通常使用在蛋糕的层面做装饰，所以一定不能过粗。

4 每个花纹之间的空隙以吐丝装饰，吐丝一定要细不要过粗，过粗会显得凌乱，太细不够立体。

> 易犯的错误
>
> 1 花纹过粗，显得比较笨重，失去美感。
>
> 2 花纹的形状出现不对称现象，常出现的问题是每个花纹的前部过粗，尤其头部，没法很好地控制奶油的挤出量。
>
> 3 在制作时所做的手法是错的，如做了前后推的动作，而不是做上下匀速的抖动动作，导致花纹纹路不清晰，形状不流畅。
>
> 4 吐丝过粗，三角纸的口开的过大，有的将口剪得过小，使奶油没有立体感。

第七种：以挤的手法包面

制作要点

1 挤的手法简单，但要注意裱花嘴与面之间的夹角要在45°~75°，太低纹路会变形，太大花纹会变扁不够饱满。

2 要注意挤的手法在蛋糕面不同部位适合的大小，一般同一种蛋糕底部的花纹要大于顶部的花纹才会显得比较协调。

3 制作时，层与层之间的配合要注意穿插制作，确保没有太多的空隙。

挤的手法的演变及应用

上述两种蛋糕的注意点：

1 花纹要注意底下大一点上面小一点，每层之间要保持配合紧密一点才能显得细致。

2 每个纹路之间要有粗细变化，要做到停顿有序，不可粗细一样，没有头尾之分。

第八种：以吊边的手法包面

制作要点

1 在做吊边时，要注意动作要领是奶油向自己肩部方向拉够长后再送回蛋糕面上，不要绕弧，花纹的弧度是重力原因所致。

2 吊边越靠底边的位置弧度越长，越靠上部弧长越短，这样才会显得协调。

3 每个吊边的深度不要过大，那样会显得拥挤。

第九种：以拉弧的手法包面

制作要点

1 拉弧的动作要规范，是做左右摆动的动作，而不是绕弧。

2 弧与弧之间的配合要紧密，并且每个弧从下到上要有明显的长度变化，在弧的深度上做微量变化，只有这样纹路看起来才比较整齐。

3 每个拉弧的纹路不可做得太过立起来，侧面与面之间的夹角应在45°，顶部夹角应在30°，太过立起就会发生和前层之间的剐蹭。

4 在制作顶部花纹时，越到中心点的时候手法越要慢，不然很不容易做好。

易犯的错误

1 制作时手臂不是做左右摆动的动作而是做画弧动作，常会出现 "√" 样式的形状，弧形不够圆滑。

2 在每个弧形的尾部，手臂会做向上送的动作，因而出现上一层的花纹被蹭坏的现象。每层花纹的头尾没有按一定的层距向里缩小，导致弧度越做越小，直至变为直线，并且弧度的角度也越做越翘，不够细腻。

第十种：以反拉弧的手法包面

制作要点

1 与反抖弧一样也是从顶部向下部做，角度和正拉弧正好相反。

2 中间的弧度不要做的太少，一般在8个左右，并且与面之间的夹角要控制在30°，太过立起后面的花纹无法操作。

易犯的错误

1 花嘴的角度要正确，否则会使排列不稳固而产生倒塌。

2 对奶油的打发质量要有要求，否则做出的花纹形状不够圆滑，弧度之间也不够整齐。

第十一种：以绕和拉弧的结合手法包面

制作要点

1 绕的纹路要清晰，与拉弧的配合要紧密，不要有不连贯的显现。

2 花纹与面之间的夹角在侧面时是45°，在顶部时是30°。

易犯的错误

1 绕和拉弧的配合不够连贯，显得不整齐。

2 制作时角度和动作不够正确，会导致所做的花纹容易倒塌。制作时弧度的掌控不好使拉弧越做越直，不够圆滑。

第十二种：以带纹路的直拉手法包面

制作要点

1 在制作拉的时候花嘴和面之间要保持一定的距离，奶油挤出的力度要均匀。

2 层与层之间的配合要紧密不要留有太大空隙，在顶部制作时，转盘的速度可以略快，但奶油的挤出量不要随之过快。

易犯的错误

1 在制作直拉的时候，花嘴与面之间的距离过小没有清晰的纹路。

2 所制作的花纹断点太多，不够细腻，要多注意奶油的挤出量。

3 在制作顶部花纹时，转盘的速度过慢或拿裱花袋的手无意识向前走动，都会导致无法完成顶部花纹的制作，尤其是中心部分。

第十三种：以十字编的手法包面

制作要点

1 制作十字编时，一定要控制好每条线条之间的距离是一个花嘴的宽度。

2 每一个编的接头要注意细节，不要过粗，过粗就会显得比较粗糙，不细腻。

> **易犯的错误**
>
> 1 每道边之间的距离过小，导致编出来的整个花纹面不够平整。
>
> 2 每个花纹的起点和终点连接得不够紧密细腻，给人一种不连贯的感觉。

第十四种：以绳编的手法包面

制作要点

1 编的时候要注意花纹的每个接头要首尾完全相连，不要有断裂的情况。

2 每层之间要保持一定的距离，确保不要露太多的底面，空隙不要太大。

> **易犯的错误**
>
> 1 在制作的时候不注重首尾接点的处理，使整个纹路不够连贯、不够精细。
>
> 2 在制作时使用绕的手法，而不是编，所以制作出的纹路较粗。
>
> 3 如果每次编的尾部不能落在同一个圆上，会编得变形，不能成为一个圆。

第十五种：以拔的手法包面

制作要点

1 拔的时候要注意每个的大小均匀，且形状一样，要给人一种整洁利索的感觉，不要大小不一。

2 拔基本上每一个都要紧挨着，分开会显得拔出的形状到处都是，散落凌乱。

易犯的错误

1 拔的过程中因裱花袋中有空气，导致拔的形状被吹破变形，使得整个产品破坏，不美观。

2 拔的时候带不出奶油的尖，使得整体形状不一致，方向不相同，影响整体美观度。

第五节

常用花边技法的遮挡方法

材料	遮挡手法	要点说明	图例示范
鲜奶油	吐丝类	吐丝中又分为曲线吐丝和直线吐丝两种。	
	拉网类	拉网时形成菱形的角度最好，拉出的网大角为120°，小角为60°，这样拉出的网才比较和谐美观。	

续表

材料	遮挡手法	要点说明	图例示范
鲜奶油	迷宫类	一条弯弯折折的线条，制作时花嘴不要紧贴于面，距离面1厘米，这样制作出的花纹比较有立体感。	
	点状类	点可以有大点小点随意排列，也可以由大到小的点渐变排列。	
	粘类	用刀或者小的刮片轻轻压在奶油表面，然后轻轻抬起，确保每次粘完要带有尖，这样显得有立体感。	
	水纹	从蛋糕的中心开始向外挤，线与线之间不要有缝隙露出，水纹给人以甜蜜的感觉，适合制作给女人和小孩类的蛋糕。	
	点状	使用果膏在蛋糕空白处点圆点，常用的是大小点排列法，点的形状可以是圆点、星形点、不规则点等多种形状的点，其最好的效果是圆点。	

材料	遮挡手法	要点说明	图例示范
果膏	线状	果膏挤出细线状，可挤出水纹、直线或曲线等多种线状图形，且可用牙签等工具将其绘制出更多美丽的图案。	
	格子状	在蛋糕表面挤上格子状进行装饰，有三种表现方式：1. 先画格子线，再填色；2. 先铺色，再在表面拉格子线条；3. 先拉格子线条，再在表面撒上细粉末装饰，如可可粉等。	
巧克力	巧克力酱	巧克力酱在市场上有现成的卖，这个酱要比巧克力沙司要稠，且制作时速度要快，要想光泽度好，最好是自己调制巧克力酱。	
	巧克力粉	使用网筛筛在蛋糕表面进行装饰，且通常是大面积使用，因为小部分使用会使得蛋糕看起来较脏，没有整体效果看着干净。	
	巧克力片	巧克力片通常用于水果蛋糕的装饰，常用于蛋糕的围边，给人一种高档的感觉，可用于遮盖大量的空面积，可根据自己喜好进行巧克力片的整形，使其变化出各式各样的外形。	

材料	遮挡手法	要点说明	图例示范
巧克力	巧克力屑	使用尖刀将巧克力块削成碎屑，通常也是整个面进行装饰，当然局部的装饰也是可以的。巧克力块冷冻后使用可使得削出来的巧克力屑更好看。	
其他	果仁类	果仁类一般在蛋糕装饰上出现频率较高，常以大面积出现，给人以简洁、蓬松、大气的感觉。常用的果仁有杏仁片、榛子碎、核桃碎等。	
	纹理	除了上述的一些基本的手法外，还有少数特别的遮盖方式，比如使用刮片或抹刀将蛋糕面切出纹理等进行遮挡装饰。	

第六节

常用蛋糕花边示意图

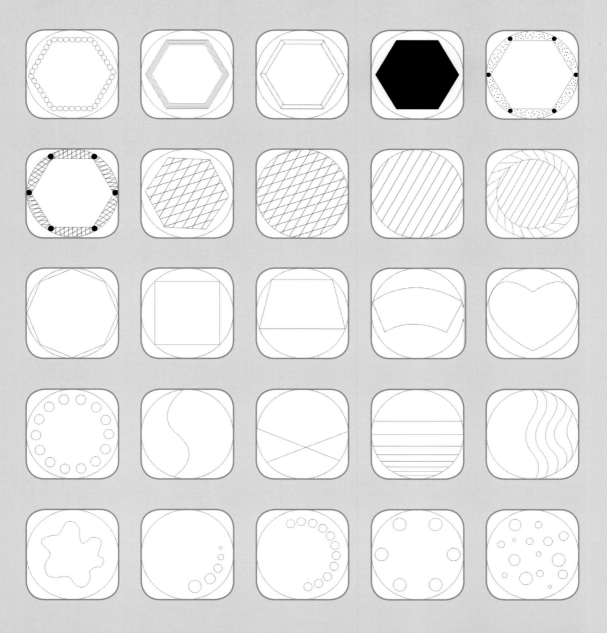

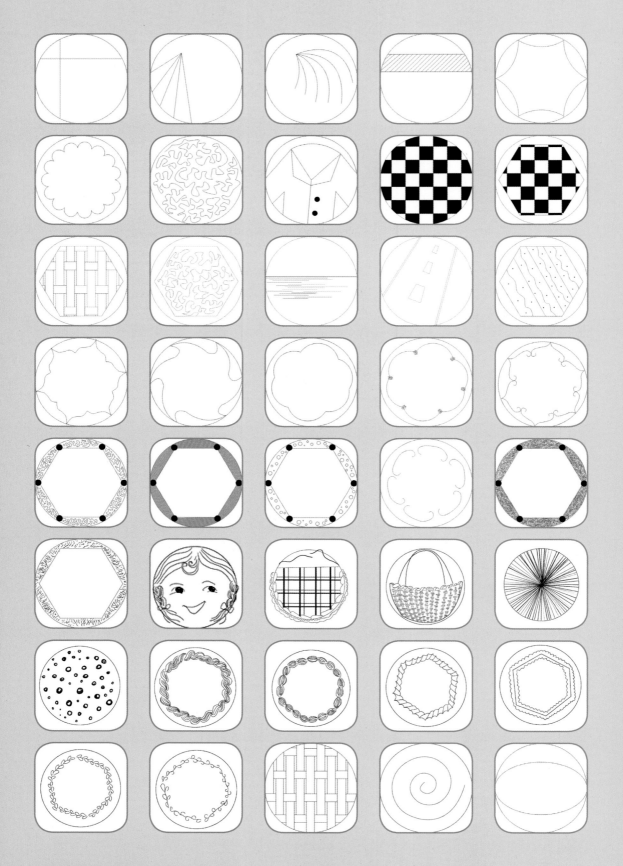

CHAPTER 03

第三章

——— * ———

花卉制作
基础

第一节

---✠---

花卉制作常用花嘴

常用花嘴

1. 直花嘴

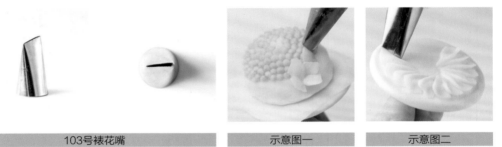

| 103号裱花嘴 | 示意图一 | 示意图二 |

2. 直花嘴

| 104号裱花嘴 | 示意图一 | 示意图二 |

3. 125K花嘴

近似直花嘴，从侧面看，花嘴
头部带有弧度。

| 125K花嘴 | 示意图一 | 示意图二 |

4. U形花嘴

| 81号花嘴 | 示意图一 | 示意图二 |

5. 叶形花嘴

| 352号花嘴 | 示意图一 | 示意图二 |

6. 圆嘴花嘴

| 2号花嘴 | 示意图一 | 示意图二 |

7. 圆锯齿花嘴

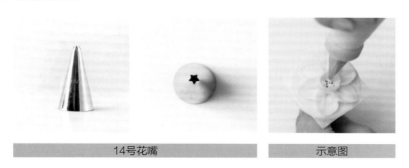

| 14号花嘴 | 示意图 |

惠尔通花卉的特殊工具——百合钉

惠尔通裱花使用材料为蛋白膏，在制作时可以先使用挤裱的方式进行呈现，经过风干后花卉可以定型，任意摆放。根据其特点，惠尔通还有立体式裱花工具百合钉。

百合钉使用方式

1 根据花卉制作的大小，选择大小合适的百合钉组合，并准备一块方形锡纸。

2 将锡纸放在凹形花钉表面中心处。

3 用凸形一面放在锡纸中心处，往下压出形状。

4 整理花钉外围形状。

5 开始裱花。

6 花卉定形，除去锡纸。

第二节

✤

花卉制作手法

拔

确认裱花嘴的移动方向，将裱花嘴放在合适的位置上，一边挤出裱花材料，一边直移花嘴，力度逐步减小，直至消失，再利落地移开裱花嘴，挤出的形状与花嘴的形状、花嘴的移动方向有直接关系。

包

确认裱花嘴的移动方向，以某一点为圆心，将裱花嘴放在合适的位置上，围绕圆心做绕的动作。力度均匀，至收尾处，力度消失，移开裱花嘴，挤出的形状与花嘴的形状有直接关系。

绕

确认裱花嘴的移动方向，以某一点为参照点，将裱花嘴放置在合适的位置上，围绕参照点做弧状运动，一般绕的动作会重复几个过程，达到"包"的样式，是杯状花形最常用的手法之一，挤出的形状与花嘴形状、弧度长短有直接关系。

抖

确认裱花嘴的移动方向，选择合适的开始位置，边挤奶油，边均匀地抖动花嘴，一般是内外抖动或者上下抖动，使挤出的裱花材料形成带有波纹的效果，波纹的大小与抖动幅度有直接关系。

确认裱花嘴的移动方向，选择合适的开始位置，均匀挤出裱花材料，花嘴的角度与位置保持不变，配合转动花钉，挤出的形状与花嘴的形状、花钉转动速度有直接关系，一般适合小型花瓣的制作使用。

斜拉

确认裱花嘴的移动方向，选择合适的开始位置，均匀挤出裱花材料，花嘴角度不变，花嘴位置轻轻移动或者花钉轻轻移动，挤出的形状与花嘴形状、工具转动有直接关系。

点

一般配合使用圆形花嘴或者细裱，在指定位置或区域中，均匀地挤出点状裱花材料，常用于花卉的花芯部位的装饰，挤出的形状与花嘴形状有直接关系。

弯折

确认裱花嘴的移动方向，选择合适的开始位置，每个花瓣的制作需移动花嘴，且均匀挤出裱花材料，完成后利落移开花嘴，转动花钉，在同样的位置上以相同的手法制作下一个花瓣，直至将花朵完全制作完成，挤出的形状与花嘴形状、花嘴的移动方向有直接关系。

拨

花形挤出样式后，用牙签等工具将花形做些微调整，力度要轻，幅度要小。适用于韧性较好的裱花材料，如植脂奶油、奶油霜等。

第三节

✦

花卉的色彩装饰方法

花卉的色彩装饰一般分为两种：一是喷色装饰，较为简单；二是调色装饰，较为复杂。

喷色装饰

花卉喷色包括外边缘喷法、根部喷法、遮挡喷法、中心喷法和复色喷法。

外边缘喷法

根部喷法

遮挡喷法

中心喷法

复色喷法

调色装饰

调色也分为两种类型：一种是全调色，即花瓣全部是一个颜色，这个方法很简单，只要调好一种颜色就可以了；另外一种是较为复杂的夹色。夹色可以分为以下几类：

1 中间夹色

把白色奶油装入裱花袋。取另一袋调好色的粉色奶油，放在花嘴宽度中间的位置，由里至外贴于裱花袋上方，对准花嘴的中间位置，直挤出粉色奶油线。

然后用裱花袋两侧的白色奶油将粉色夹在中间，挤出的花瓣即为中间夹色奶油。

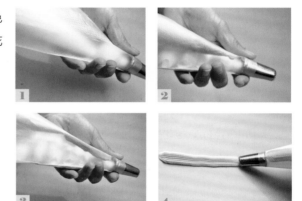

2 上部夹色

首先准备好一袋白色奶油和一袋蓝色奶油。将蓝色奶油袋对准花嘴较薄的一头，由里到外挤出一条细长线，然后将白色奶油挤进裱花袋中。这样挤出的奶油即为上部夹色。

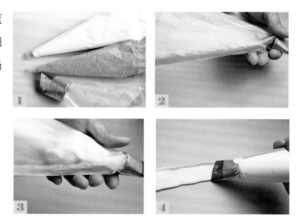

3 二色相杂

准备好两袋不同颜色的奶油。将两袋不同的奶油对半挤入裱花袋中，这样挤出的奶油即为二色相杂。

4 下部夹色

准备好一袋白色奶油和一袋紫色奶油。将紫色奶油袋对准花嘴较厚的一头，由里至外挤出一条细长线，然后将白色奶油挤进裱花袋中。这样挤出的奶油即为下部夹色。

5 上下夹色

上下夹色有两种方法：一种是在袋中挤入紫色奶油贴于裱花袋左侧，然后挤白色奶油在中间，最后在右侧挤紫色奶油；另一种是在双色奶油的基础上，转动裱花嘴，把白色奶油转到中间位置。

CHAPTER 04

第四章

✦

巧克力装饰件
制作基础

第一节

✤

巧克力基础知识

众所周知，温度和水分对巧克力影响极大，在开始学习制作巧克力制品前，了解并掌握巧克力融化和调温的方法尤为重要。此处以纯脂巧克力为例进行介绍。

巧克力的融解方法

巧克力的融解分为直接融解法、隔水加热融解法和后加热融解法三种。

1 直接融解法

直接融解法主要是指微波炉融解。将巧克力碎块放入微波炉专用容器中，用微波炉的中火融解2分钟左右（以需要融化的巧克力量来确定时间），融解过程中每隔30秒搅拌一次，以避免巧克力糊底。取出后用长柄小匙顺时针搅拌。

微波炉融解

操作要点

1 容器必须是无水的，而且不能用不锈钢等微波炉不适用容器。

2 按同一个方向搅拌，这样可以避免巧克力内进入空气而产生气泡。

3 多搅拌可加快巧克力的融解，令巧克力更软滑细腻、光泽度好。

4 尽量避免在微波炉中的加热时间过长，如果需要可分数次加热。

2 隔水加热融解法

隔水加热融解法分为巧克力专用双层锅、巧克力专用融化炉融解两种。

（1）巧克力专用双层锅

热水的温度在35～45℃最佳。将切碎的巧克力放在干燥的容器里，然后将该容器放在热水里。当巧克力变成液态时，用一长柄的小匙按顺时针方向搅拌。

巧克力专用双层锅

操作要点

1 容器必须是无水的，否则巧克力会越搅越硬。

2 按同一个方向搅拌，这样可以避免巧克力内进入空气而产生气泡。

3 多搅拌可加快巧克力融解，巧克力更软滑细腻、光泽度好。

4 热水的温度以不超过60℃为宜，太高的温度会导致巧克力油脂分离。

操作要点

1 容器必须是无水的。

2 按同一个方向搅拌，这样可以避免巧克力内进入空气而产生气泡。

3 多搅拌可加快巧克力融解，巧克力更软滑细腻、光泽度好。

4 搅拌后将炉温调到40℃，这样可以保持巧克力不凝结。如果过一段时间使用，要盖上盖子，以免结皮，使用时按顺时针方向搅拌一下光泽度会更好。

（2）巧克力专用融化炉融解

将切碎的巧克力放在干燥的巧克力专用融化炉容器里，温度调至50℃，然后按上述方法搅拌即可。

巧克力专用融化炉融解

3 后加热融解法

当做出来的巧克力成品用不完又不想浪费时，可将其留到下次再用。方法是将这些成品完全融化后，用保鲜纸包好或放入有盖的盒子中。注意：融解时的水温不宜过高，否则会使巧克力的表面上产生一层白膜。

巧克力的调温

1 调温的常识

巧克力的调温实质上是对可可脂进行调温。可以通过对巧克力采取"升温（巧克力融化成液体）—降温（将巧克力温度降至27℃左右）—再次升温（将巧克力温度再次加热至32℃左右）"的方法进行调温，使可可脂晶体达到一个稳定的状态。不同品牌的巧克力，其调温曲线也不相同，在对巧克力进行调温时，可参考巧克力外包装上显示的调温曲线进行操作。

2 调温的两种方法

（1）将已融解的巧克力中加入切得很碎的巧克力（约为已融解巧克力的1/5），然后按顺时针方向搅拌，待巧克力全部融解后整体温度就会下降，质地也会由稀变稠，用来铲花、铲卷时抹在案上厚薄适中，吊线时不会散开，且线条细腻。

（2）从已融解的巧克力中倒出一半放在大理石上，用铲刀拌几下，待巧克力开始有些变稠时，再铲回到原来的容器中，用小匙顺时针方向搅拌，这种方法较容易，且很快就能把巧克力的温度降下来。

巧克力的浓稠现象产生原因

巧克力经过反复的使用后，通常都会变得很稠，原因通常有以下三种情况。

（1）巧克力中可可脂成分减少。操作时可可脂会以各种方式渗透到另一物质中，这种情况下巧克力会变稠，口味也会受到影响，解决方法是加入一点可可脂搅拌均匀再用。

（2）水分接触到巧克力时产生浓稠现象。巧克力中的糖晶体融解在水蒸气中发生了重结晶，这个过程破坏了巧克力的质地，使巧克力变稠，吃起来会有沙粒感，虽然还可以食用，但口感变差。

（3）加热过度引起巧克力变稠。高温融化时，巧克力中的糖晶体会在高温下变成焦糖，从而使巧克力变硬，这种情况下，巧克力口感风味会改变，有沙粒感。

巧克力霜产生原因

有时在巧克力的表面可以看到一层灰白色的表层，称为"巧克力霜"，它类似于李子等水果表面的白色果霜。在巧克力表面可产生以下两种类型的糖霜。

（1）由可可脂产生的糖霜：表明在某种程度上巧克力所处的环境温度过高，使得可可脂晶体上升到表面层，当冷却时，它们又重新结晶。这种情况下，巧克力口味并不受影响，需要的时候，可以通过重新融化、调温来解决这个问题。

（2）水分接触到巧克力时产生糖霜：糖晶体接近表面，溶解在水蒸气中，后来又发生重结晶。这个过程破坏了巧克力的质地，使巧克力颜色发灰，有沙粒感，尽管还可以食用，但口感风味已有所改变。

第二节
✳
制作巧克力装饰件的常用工具

▌铲刀

规　格　铲刀长16厘米，刀刃宽10厘米，前宽后窄。

特　点　铲刀的刀刃边缘平整、轻薄。若刀刃比较厚，需用砂纸磨薄、磨平。

保　养　使用后用温水清洗，立即擦干表面水分；平时使用时避免摔打，以防摔断刀刃边角。

▌翘刀

规　格　翘刀长17厘米、刀刃宽7厘米，前宽后窄。

特　点　翘刀刀刃边缘应平整、轻薄；刀刃前端应柔软，可将边缘弯曲上翘；刀刃左边缘略微上翘，可使巧克力边缘出现不规则效果，也可使巧克力边缘产生双色效果。

保　养　使用后用温水清洗，并立即擦干表面水分；平时使用时避免摔打，以防摔断刀刃边角。

▌捏塑夹

规　格　捏塑夹长9厘米、宽2厘米。

特　点　捏塑夹边缘应为弧形，在使用前将弧线压成平面，可利用平面在巧克力面上铲出条纹。

保　养　使用后用温水清洗，并立即擦干表面水分。

▌锯齿刮板

规　格　锯齿刮板长12厘米、宽8厘米。

特　点　锯齿刮板的纹路多变，粗细不等，使用方法相同，但使用不同的刮板呈现的效果也不同。

保　养　使用后用清水洗净，并立即擦干表面水分；尽量避免高温。

▌万能刮片

规　格　万能刮片长10厘米、宽5厘米。

特　点　万能刮片材质柔软，可随意变换出不同的弯度；刮片前端的纹路细密，可使巧克力出现极细的条纹。

保　养　使用后用温水清洗，并立即擦干表面水分；不使用时尽量平放，减少弯曲。

▌水果刀

规　格　水果刀长18厘米、宽2厘米。

特　点　除切水果外，可用刀尖向下切巧克力，切巧克力的水果刀刀尖不需要太尖；也可用加热的水果刀尖在巧克力边缘烫出锯齿边。

保　养　使用后用温水清洗，擦干后保存。

▌毛笔

规　格　毛笔长22.5厘米、宽1厘米。

特　点　毛笔型号由粗至细变化，巧克力大面积上色用粗毛笔，局部上色用细毛笔。选择时以柔软且不易掉毛的毛笔为宜。

保　养　使用后用温水清洗，并擦干保存；不使用时保持平放，避免前端软毛变弯。

▌造型铲

规　格　造型铲长16厘米、宽10厘米。

特　点　造型铲前端为波浪形，可使巧克力卷出现波浪形线路。选择造型铲时应选波浪弧度略低一些的，这样铲花时成功率较高。波浪弧度高的不易成形，会加大操作难度。

保　养　使用后用温水清洗，擦干保存。

▌挖球器

规　格　挖球器长17.5厘米、宽3厘米。

特　点　挖球器可用来挖水果球或巧克力球，使用时必须保持垂直角度，应选择边缘薄的挖球器，可使巧克力卷整齐。

保　养　使用后用温水清洗干净，擦干保存。

▌魔术棒（没有这种棒，可用相同形状的尖刀代替）

规　格　魔术棒长16厘米、宽2厘米，一端较圆较宽、另一端较尖较窄。

特　点　魔术棒可利用本身形状变换出不同的样式，使用简便，造型美观。使用魔术棒制作产品成功率高，且变化空间很广，适合快速生产。

保　养　使用后用温水清洗，擦干保存；不使用时保持平放，尽量避免弯曲。

▌圆圈压膜

规　格　圆圈压模直径为1～10厘米。

特　点　压模不论大小，使用方法相同，可用来压巧克力，使之出现相同的形状。选择压模时应选边缘薄、材质硬、不易变形的。

保　养　使用后用温水清洗干净，擦干放置。

▌多功能小铲

规　格　多功能小铲长16厘米、宽2厘米。

特　点　一套多功能小铲有4个不同形状的转换头，应选择转换头整齐无
　　　　毛边的小铲。

保　养　使用后用温水清洗，然后擦干保存。

▌巧克力专用融化小锅

特　点　小锅十分轻巧，使用方便，可容纳1000克巧克力，并有配套
　　　　模具。在底锅放水，在上锅中放巧克力，隔水加热融化巧克
　　　　力，具有保湿效果。

保　养　使用后将锅中的水倒空，洗净擦干后保存。

第三节

巧克力件的制作基础

制作巧克力件的知识要点

▌巧克力件制作手法分类

裱挤类巧克力件：用裱花袋将巧克力挤出各种
不同的造型。

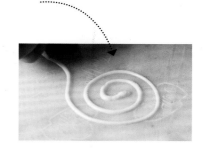

铲花类巧克力件：将巧克力抹在大理
石上，用铲刀或一些小工具铲出各种
不同的花形。

模具类巧克力件：用不同形状的模具压出形状，也可将巧克力浆填入模具中凝固后再脱模。

▌ **制作铲花类巧克力件需具备的基本工具及操作技巧** ◄

在以上三种制作手法中，铲花类是最难的，技术含量最高，不易操作，我们着重讲解铲花类巧克力件制作技巧。

> **大理石**
>
> 铲花时最需要注意温度的控制，大理石由于其极佳的恒温效果，再加上表面比较硬且光滑，不会出现凹凸不平的现象。对制作铲花来说，是最佳的选择。初学者要多尝试如何均匀地加热大理石。
>
> 如果觉得大理石调温太麻烦，市面上也有加热玻璃出售。只要插上电调节到所需温度，玻璃就会达到所需温度，然后把巧克力涂在上面铲花，这样就省去了调温的时间，同时恒温效果也较好。
>
> **铲刀**
>
> 铲刀质量的好坏、是否好用会直接影响成品的质量和成功率，在铲刀选择上要注意刀一定要平，且刀口要薄，这样才有利于产品成形，还有就是要以拿刀的时候顺手为前提，以手刚好能够握住整个铲刀为宜，这样制作起来比较灵活自如。
>
> **锯齿刮片**
>
> 锯齿刮片属于辅助工具，有很多不同用处的小工具也都属于辅助工具，利用这些小工具可以铲出形象变化更多的铲花。

制作铲花类巧克力件时的准备工作

▌ **加热大理石** ◄

天冷的时候大理石比较冷，需要将大理石加热，加热的方法有很多，可以采用火枪烧、酒精烧、电吹风吹、热毛巾加热。其中使用热毛巾加热大理石比较常用，首先将水烧热，毛巾泡在水里，平铺在大理石表面，反复几次使大理石呈现温暖状态。若温度适中，巧克力花会呈现褶皱均匀、光滑的状态，不会碎裂或粘在一起；若加热不到位，则导致巧克力花易碎裂的情况；加热过度，会出现巧克力花粘在一起不成形的情况。

抹平融化好的巧克力

身体微侧，右手拿铲刀，左手放在桌面上保持身体平衡，双脚一前一后在一条线上。以这样的姿势涂抹巧克力容易控制力度，抹起来速度较快，巧克力容易抹得均匀。

涂抹巧克力时注意将液体巧克力放在左手边而不是大理石的中间，铲刀要一刀涂抹到位，不要来回地涂抹，这样抹出来的巧克力厚薄度才会均匀。

正确站姿

涂平巧克力

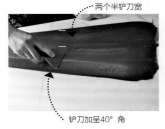

两个半铲刀宽

铲刀加呈40°角

铲刀呈15°角

铲刀保持倾斜40°角，将液态巧克力均匀地平涂在大理石上，宽度为两个半铲刀宽，再将角度改为15°角（将铲刀的角度放低是为了让巧克力的密度更密些，以更好地贴合在大理石台面上），反复将巧克力抹平直到其完全凝固。

修饰边缘毛边

用铲刀将边缘毛边铲掉，留下约一个半铲刀的宽度。

了解铲花的基本款

每个技术种类都有一些基本功，学会了这个基本功（又称基本手法），我们就可以变化更多的款式出来，先来了解一下铲花的基本款。

基本款1为大半圆；基本款2为全圆；基本款3为小半圆；基本款4为在大弧的基础上划出小圆弧，其形状很像花瓣；基本款5在大弧的基础上划出均等的尖形小弧；基本款6不走圆弧的轨迹，而是改成三角形的轨迹，这种轨迹铲出的花有点像树叶。在这6个基本款中，第1款是后5款的基础，也就是说想学好后5款的手法得要先学会第1款的手法。

基本款1

基本款2

基本款3

基本款4

基本款5

基本款6

以上这些基本的变化手法就是铲花的常用手法，在这些基本款的基础上还可以变化出更多花形，下面就把这些花形的变化轨迹手绘出来以方便大家学习。其中出现三角形纹路的就是叶子形的做法。

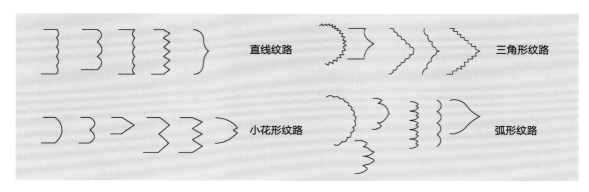

另外，在图上出现的这些花纹有许多都要铲出均等的锯齿状，铲这种纹路时要注意铲的技巧，用铲刀的尖角来铲，走刀时要稳且快，如右图所示。

铲花的着色规律

以上讲的是铲花形状的变化规律，如果都是用一个颜色来做而不用夹色，很多初学者7天就能做出这些变化款的铲花。但如果要想再独特一点，那就要有色彩搭配。

给巧克力着色也是有规律的，如下图所示。

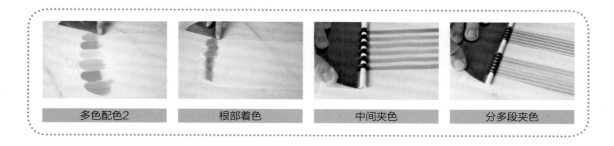

| 多色配色2 | 根部着色 | 中间夹色 | 分多段夹色 |

基本款铲花手法要点讲解

▌梅花形铲花 ◀

先将巧克力件制作的先行步骤依次做出。将铲刀与巧克力平面保持90°角，刀的1/4留在巧克力里侧，往前铲半圆停顿，铲出5～6个花瓣即可。

将铲刀的1/3处留在巧克力里侧，左手食指放在铲刀的最边缘，略微露出指尖的一点肉，轻轻地靠在巧克力表面，手指不使劲，往前直推铲出花形。

▌枫叶形铲花 ◀

先将巧克力件制作的先行步骤依次做出。将铲刀与巧克力平面保持45°角，刀的尖端与巧克力相对，往前上方直推，铲出三角形停顿，铲刀退出后从另一个尖端往前直推，反复运动铲出大小一致的三角形，一共铲出6～7个花瓣即可。

将铲刀的1/3处留在巧克力里侧，左手食指放在铲刀的最边缘，略微露出指尖的一点肉，轻轻地靠在巧克力表面，手指不使劲，往前直推铲出花形。

▌小半圆形铲花 ◀

先将巧克力件制作的先行步骤依次做出。将铲刀与巧克力平面保持90°角，铲刀平行向上铲出半圆形。接下来将铲刀的1/3处留在巧克力里侧，左手食指放在铲刀的最边缘，略微露出指尖的一点肉，轻轻地靠在巧克力表面，手指不使劲，往前直推铲出花形。

▌ 三角形铲花和半三角形铲花 ────────────────────────

　　先将巧克力件制作的先行步骤依次做出，再制作边缘花边纹路。将铲刀与巧克力平面保持45°角，刀的尖端与巧克力相对，左手食指放在铲刀的最边缘，略微露出指尖的一点肉，轻轻地靠在巧克力表面，手指不使劲，往前上方倾斜直推铲出三角形花形。再将铲刀与巧克力面保持90°角，刀的1/2处留在巧克力里侧，向上直推铲出半三角花形。

基本立体花形的手法要点讲解

▌ 弧形立体卷花 ────────────────────────────────── ◀

　　抹平巧克力，修饰边缘毛边，接着将铲刀的左手边1/3处对在巧克力的边缘，巧克力和刀的角度保持在45°角，整个铲刀尽量放低，食指略微伸出一点靠在巧克力表面，食指不可以使劲压巧克力，只起挡住巧克力的作用，手腕向上打弧形铲出花形。

　　在还是柔软的状态下将整个花形弯曲，根部粘在一起形成立体的花形。

▌ 梅花形立体卷花 ──────────────────────────────── ◀

　　抹平巧克力，用铲刀将边缘毛边铲掉，留下约一个半铲刀的宽度。然后将铲刀与巧克力平面保持90°角，刀的1/4留在巧克力里侧，往前铲半圆停顿，铲出5～6个花瓣即可。

　　将铲刀的1/3处留在巧克力里侧，左手食指放在铲刀的最边缘，略微露出指尖的一点肉，轻轻地靠在巧克力表面，手指不使劲，往前直推铲出花形。

　　在还是柔软的状态下将整个花形弯曲，根部粘在一起形成立体的花形。注意整个花形要圆，花瓣大小均匀，接口花瓣大小要相同。

▌ 枫叶形立体卷花 ──────────────────────────────── ◀

　　抹平巧克力，用铲刀将边缘毛边铲掉，留下约一个半铲刀的宽度。将铲刀与巧克力平面保持45°角，刀的尖端与巧克力相对，往前上方直推，铲出三角形停顿，铲刀退出后从另一个尖端往前直推，反复运动铲出大小一致的三角形，铲出6～7个花瓣即可。

　　将铲刀的1/3处留在巧克力里侧，左手食指放在铲刀的最边缘，略微露出指尖的一点肉，轻轻地靠在巧克力表面，手指不使劲，往前直推铲出花形。

在还是柔软的状态下将整个花形弯曲，根部粘在一起形成立体的花形。注意整个花形要圆，花瓣大小均匀，接口花瓣大小要相同。

▌圆形锯齿铲花 ————————————————————————————

抹平巧克力，用铲刀将边缘毛边铲掉，留下约一个铲刀的宽度。将铲刀与巧克力平面保持90°角，铲刀平行向上铲出半圆形。在弧形边缘铲出小三角形。

将铲刀的1/3处留在巧克力里侧，左手食指放在铲刀的最边缘，略微露出指尖的一点肉，轻轻地靠在巧克力表面，手指不使劲，往前直推铲出花形。

铲出的花形在没有凝固的时候略微往里弯取，形成半弧形。

直卷和斜卷的铲法要点

粗细一致的直卷

先将巧克力件制作的先行步骤依次做出。用锯齿刮片刮出条纹状，表面再覆盖一层白巧克力，反复抹至凝固。铲刀与巧克力平面保持20°角，平行向前直推，使巧克力卷成圆棒。

一头粗一头细的斜卷

先将巧克力件制作的先行步骤依次做出。用锯齿刮片刮出条纹状，表面再覆盖一层白巧克力，反复抹至凝固。铲刀放在巧克力上方，铲刀的1/3处放在巧克力里侧向前直推，使巧克力卷成螺旋形。

巧克力装饰件的错误点详解

1 基本制作方式（以扇形铲法为例）

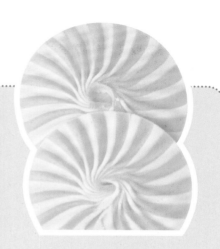

将铲刀的左手边1/3处对在巧克力边缘，巧克力和刀的角度保持在45°，整个铲刀尽量放低，食指稍微伸出一点抵在巧克力表面，但食指不可以使劲压巧克力。

手腕向上，打出弧形、铲出花形。将底部多余的巧克力摘去，花形展开呈圆形。最后将整理好的巧克力在桌面上放平，底部边缘用铲刀切平。

2 容易出错的关键点

1. 中心产生的圆形过大

主要原因

1 手指抵在巧克力和铲刀接点上的力过重。

2 食指伸出的部分太长。

3 食指放在巧克力的方向歪了。

2. 铲出的形状不成圆形

主要原因

1 刀放的位置不在1/3，巧克力的宽度过大。

2 巧克力的宽度不够，铲制时无法形成一个圆的周长。

3 手指抵在巧克力和铲刀接点上的力过重。

4 食指伸出的部分太长。

5 食指放在巧克力的方向歪了。

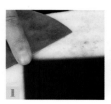
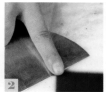

3. 铲出的形状边缘有裂口和碎纹形

主要原因

1 与巧克力接触的桌面或室内温度过低。

2 将巧克力抹在桌面上后，没有使用工具对其表面抹干，而是使其自然晾干。

解决方法：

1. 调节桌面和铲刀的温度。

2. 调节操作室内的温度。

3. 抹制巧克力时，一定将其抹干，使其具有韧性。

4. 铲出的形状过于密集，不成形

主要原因

1 桌面或房间的温度太高。

2 手或铲刀表面没有擦干净。

解决方法：

1. 用冰水给桌面降温。

2. 调节室内温度，将温度设定在18~22℃。

第四节

✦

常用巧克力件制作

普通压模

▌制作过程

1. 首先将玻璃纸正面朝上，平铺在大理石表面，将巧克力放在玻璃纸边缘处。

2. 用抹刀将巧克力均匀地抹在玻璃纸表面。

3. 巧克力略微凝固后，用所需形状的压模在表面压出纹路。

4. 压模的形状和大小是可以变换的。

5. 待其完全冷却。脱模时，将玻璃纸慢慢向外揭开即可。

✦ 小贴士
NOTE

1. 注意掌握压纹路的时机，巧克力不能太冷，太冷会使巧克力碎裂。如果发生巧克力太冷的情况，可以先将模具加热后再向下压模。

2. 事先可以先用色素对可可脂调色，使用毛笔蘸取有色可可脂在玻璃纸上画出颜色和形状，再在上面铺上黑色巧克力，做出多色巧克力片。

巧克力转印

制作过程

1 将转印纸的光滑面朝下贴在桌面上。

2 将融化好的巧克力倒在距离转印纸不远处的桌面上。

3 用抹刀或铲刀将巧克力酱抹平，注意要涂抹均匀。

4 用模具在巧克力上压出模型印记。

5 将巧克力和转印纸一起放入冰箱中冷藏，2~3分钟后取出。

6 将转印纸取下，并将模型挨个取下来即可。

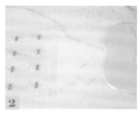

手工巧克力——白弹簧

制作过程

1 将融化好的白色巧克力倒在软质塑料片上。将带有锯齿状的刮板以45°夹角放在塑料片上，将巧克力刮出纹路。

2 刮好巧克力待稍干后，拾起塑料片，卷起，塞入油纸筒中。

3 轻轻扭动外部塑料片，使巧克力形成螺旋状。

4 冷却后，轻轻去除塑料片。

5 同理，可制作出黑色弹簧。

手工巧克力——网格

制作过程

1 将转印纸贴于大理石表面（注意正反面）。

2 用裱花袋将融化好的黑巧克力挤到转印纸上方，操作时需注意速度，且不能中断。

3 拾起转印纸，放入U形模具中。

4 放入冰箱中冷藏2～3分钟，取出。

5 除去转印纸即可。

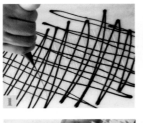
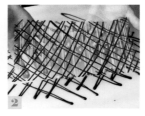
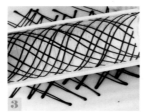

手工巧克力——立体卷花

准备

将融化好的白巧克力倒在大理石台面上，抹平，并将铺开的巧克力修成方形。

制作过程

1 将铲刀保持平行，依次向上画出五个圆弧。

2 用毛笔在巧克力面上涂出如图所示的绿色线条。

3 用右手食指将线条的颜色涂匀。

4 使用右手握住铲刀，左手食指放在铲刀上，食指第一个关节的前1/3露出铲刀口，食指不要用力压巧克力面，铲刀与巧克力面保持向外打开15°～30°。

5 双手配合好，向上直推，铲出花形，绕过食指。

6 将花瓣理平，双手抓住花瓣的两端，双手向内自然弯曲将接口捏紧。

7 将黄色巧克力装入裱花袋中，挤出花芯即可。

手工巧克力——烟卷

1 用铲刀将融好的巧克力均匀地平铺在大理石上。

2 用铲刀修去四周的毛边。

3 铲刀放在巧克力面上，且保持15°夹角，向前直推。

4 用三角刮片刮出纹路。

5 将白巧克力平铺在刮出的纹路间隙上，抹平抹干。

类似烟卷延伸

1

2

3

4

5

特殊烟卷——网格烟卷

技术点：在刮板刮出竖行后，再间隔着刮出横行。

1

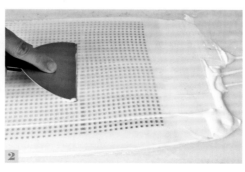

2

3

技术点：用刮板斜着刮出纹路，再铺上白色巧克力。

曲线面

准备

1 在大理石桌面上铺上一层玻璃纸。

2 将调好温的巧克力放在裱花袋中。

难点：
巧克力图形的形状掌握与巧克力温度控制。

制作过程

1 在玻璃纸上画出一个点，将这个点作为起点，画出一个水滴形。

2 从起点再画一个略微大一点的水滴形，其中一边线条穿过第一个水滴形。

3 由起点，再画第三个水滴形，其中一边线条穿过第一和第二个水滴形。

4 依次画出所需大小的线条。

操作要点：
在画线条的时候，裱花袋要略微悬空一点，线条才会流畅，并且需要注意控制手上的力度，不能出现线条变形的现象。

延伸演示

三角连环

单根线条为倒三角形，每一根在前一根的中心部位完成，全部围绕同一个中心点完成，越往后越小。

三角树

单根线条为倒三角形，从外部向内部画。全部围绕同一个中心点完成，越往后线条越宽越短。

  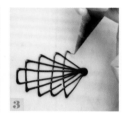 

变形水滴杯

单根线条为拉长的水杯，从外部向内部画，底部越来越小。

贝壳

中间线条细长，从外部向内部画，慢慢变宽变短。

羽毛

线条尾端慢慢变细，中间长，两边依次慢慢变短，所有线条围绕一个中心点。

线式圣诞树

准备

1 在大理石桌面上铺上一层玻璃纸。

2 将调好温的巧克力放在裱花袋中。

制作过程

1 从底部向上画，用巧克力在玻璃纸上画出三个连续的凹形半圆弧形，尾部慢慢变细消失，略微向下倾斜。

2 在底部起点处，垂直向下挤出一个半弧形。

3 连接"步骤2"，与"步骤1"相反，画出一个半弧形。

4 在图形中心处画出一条线。

5 画出叶茎。

6 用魔术棒将每个弧形停顿点向外刮出尖。

7 脱模时注意慢慢揭开玻璃纸即可。

难点：
巧克力图形的形状掌握与巧克力温度的控制。

小贴士
NOTE

1 制作时线条需要流畅，裱花袋的使用要略微悬空，注意控制巧克力的流速。

2 速度尽量要快，避免在使用魔术棒刮尖的时候巧克力凝固。

细齿边树叶

（1）整体线条要流畅，中间叶茎线条略细。

（2）在巧克力未凝固前，需要使用魔术棒尖端在边缘处刮出细齿。

椰子树

主线条较粗，未完全凝结前，用魔术棒刮出细齿。

雪花

线条为米字形，在每根线条上加上小的开叉。

CHAPTER 05

第五章

鸟类蛋糕
制作基础

第一节

✛

鸟类蛋糕基础知识

自然界鲜花娇艳，鸟声婉转。在蛋糕制作中，代表吉祥、喜庆、爱情、相思的鸟也深受人们欢迎，用来抒发心中对生活及他人的美好感情。因此，在蛋糕制作中，鸟类制作也是非常值得学习的。

鸟类蛋糕常用手法有拉、挤、拔等。

鸟类的制作流程大致可概括为：身体→头部（尾巴）→翅膀、羽毛→眼睛和嘴巴。制作过程中，根据需要稍作变化。

▌身体

身体的形状有弧形、扁形、葫芦形和S形四种，如下图所示。

▎尾巴

　　鸟类的尾巴是比较容易表现的，尾巴的形态如图所示。

▎翅膀、羽毛

　　鸟类制作的关键点是翅膀，翅膀也是表现鸟类动态的主要部位。在制作翅膀时，顺序一般是主羽→尾羽→次羽→根部羽毛→头上（背部）羽毛。

　　翅膀、羽毛的各种形态如图所示。

> **正确的操作手法**
> 在身体的中间部位从根部开始挤，挤的时候，要左右对称，从后向前，由短到长，慢慢变化，根部粗、上部尖，有利于塑形。

▎嘴巴

▎操作要点

　　制作鸟类的嘴巴时，上下要一样粗。

这里要注意老鹰眼睛的表现，老鹰眼睛的特征是眼睛大而有神，略呈三角形。在表现的时候，眼球要尽量往前点，以表现出凶猛之感。此外，鸟类篇有几点需要注意的地方，这里稍作介绍，以便参考。

▌制作过程

（1）在制作老鹰的腿部时，要在身体的后1/3处挤。翅膀支架要向前伸展，不能向两边无力耷垂。

（2）天鹅有两种表现手法：立体和浮雕。本书中讲到的是立体的表现。浮雕大多是与风景相结合的表现方式。

（3）仙鹤的身体长度与脖子长度的比例是1：1。在挤仙鹤的翅膀时，要在身体的1/3（靠近脖子）处挤。仙鹤的动态主要是通过翅膀的变化来表现的。

▌操作要点

鸟类的眼睛，主要用细裱袋点两个小黑点来表现。

第二节

✦

爱情鸟

爱情鸟动态 1

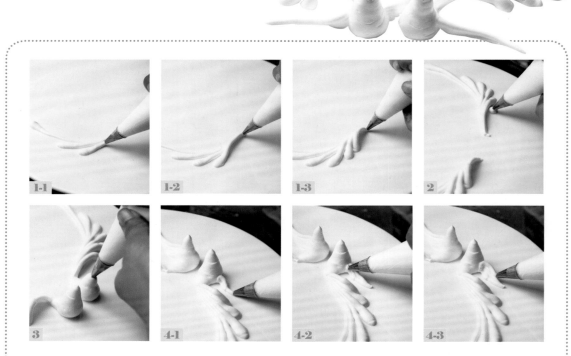

▎制作过程

1 从第一根最长的尾羽开始制作，一根比一根短，但每一根都要有粗细变化。

2 另一只尾羽制作手法与1相同，两只尾羽保持对称，长短、粗细一致。

3 制作身体有两种方法：第一种最简单，圆嘴直接垂直，由粗到细变化挤出身体；另一种是先将圆嘴倾斜70°挤尾尖，再将角度变化为90°挤身体，挤的时候，也是由粗到细渐进变化。

4 制作翅膀时，由下往上重叠挤，一根比一根长，挤四根左右即可。

5-1   5-2   5-3

5 制作两身之间的翅膀手法相同，两只翅膀呈相依状。如果不容易体现出两侧翅膀，也可以做一
只装饰。用红色奶油挤向上翘起的头羽，也可以用相同的红色奶油挤小尖嘴，最后点上黑点做
眼睛。

爱情鸟动态 2

制作过程

整个制作手法与上一例相
同，唯一变化之处在尾羽，
可以把两只鸟的尾羽对称挤
成心形造型。

操作要点

    要求尾羽线条流畅，粗细变化自然，整体比例尾羽较长，
身体较小巧，头较小，翅膀根据身体比例大小制作，不要过长
或过大。

第三节

---*---

老鹰

老鹰动态 1

制作过程

1

1 起步点从下向上推挤，由小到大挤出身体，再由粗到细向前挤头和脖子。然后挤尾羽，挤尾羽的时候，由上到下、由粗到细渐渐重叠向上，尾羽由短到长再变短，呈扇形打开状。

2 **3-1** **3-2** **3-3**

2 在脖子偏下两侧挤出由粗到细的翅膀支架，在飞行支架线2/3处做标记，在身体后尾1/3处挤较粗的大腿。

3 用小号嘴调成咖啡奶油色挤翅膀部羽毛，第一根短，第二根长于第一根，第三根长于第二根，呈扇形打开。在翅膀2/3处挤大飞羽，在1/3处挤短羽，至身体侧为次飞羽。顺着大飞羽方向再挤拔第二层较短的小羽，挤小羽作为第三层。

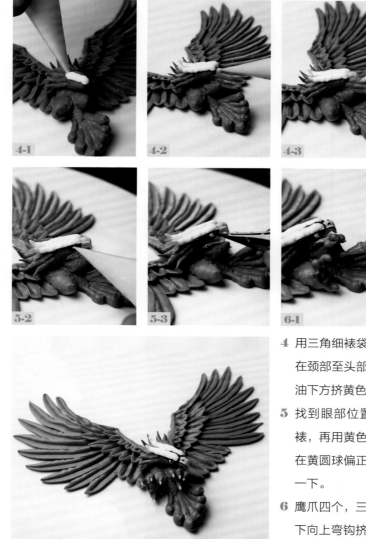

4 用三角细裱袋挤一层颈部细羽毛，用白色奶油在颈部至头部上方挤两根头羽，在头部白色奶油下方挤黄色下嘴，再向下挤带勾尖嘴。

5 找到眼部位置，抠出凹眼眶，用黑色奶油细裱，再用黄色奶油在凹眼眶里挤上一小圆球，在黄圆球偏正前方点上黑点；嘴部、头部细勾一下。

6 鹰爪四个，三个集中在上方，一个在下方，由下向上弯钩挤出粗短爪，最后用白色或黄色挤出尖指甲。

操作要点

要抓住鹰的特征来制作：翅膀宽大，眼睛凶光有神，勾嘴，爪粗壮有力，扇形尾羽呈张开状。

老鹰动态 2

制作过程

1 裱花嘴向左侧倾斜，由下往上倾斜推挤出倾斜的身体，再把内侧翅膀制作好。

2 后面整个制作过程与前一例相同，动态统一按照侧身方向来表现。

1-1

1-2

2-1

2-2

2-3

2-4

2-5

2-6

2-7

2-8

第四节

✠

天鹅浮雕

天鹅浮雕动态 1

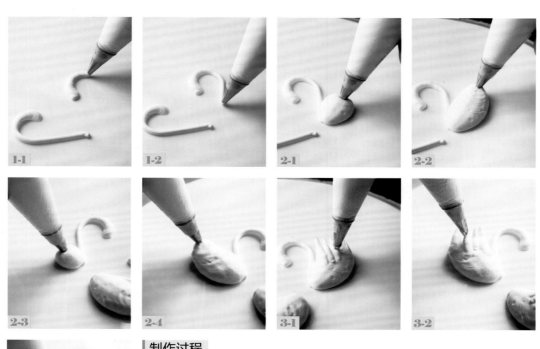

制作过程

1 首先挤一道弯曲、由粗到细的长脖颈，然后对称地挤出另一道，两边脖颈的弯度、长度一致。

2 大小统一，挤出扁长蛋形的身体。

3 可以在身体里侧挤翅膀，也可以不挤。外侧身体1/3处由长到短向下拔羽毛，第二层比第一层短。

4　挤出红色额头、嘴、眼睛，最后画上两道水纹来增加生动的效果。

天鹅浮雕动态 2

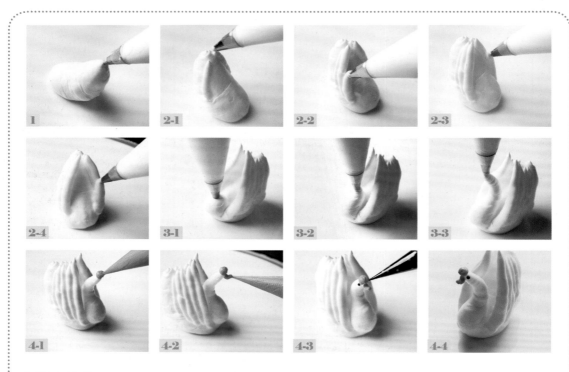

▌制作过程

1　用中圆嘴挤出扁长蛋形的身体，前半身花嘴角度为60°，后半身花嘴角度变为80°，自然向上翘起。

2　从尾部起步，向前重叠式对称挤拔出两侧的翅膀羽毛，要注意每根都是由粗到细、由短到长的变化，两侧根数一样，

3　把花嘴插入前胸部，吹挤出向前突出的饱满胸部，花嘴向后，渐渐向上挤出由粗到细、再向前弯曲的脖子。

4　用大红色奶油挤出向前突出的额头，在额头下挤出微翘的短嘴，点上黑点做眼睛。

▌操作要点

　　根据天鹅三短一长（腿、嘴、尾短，脖长）的特征制作，表现出天鹅身体肥大、胸肌饱满突出、脖子长而弯曲的形态。如果天鹅在水中，那么腿就可以不用表现出来。

第五节

✣

仙鹤

仙鹤动态 1

制作过程

1 制作低头弯脖的站姿时，注意弯曲要自然，一道弯即可。

2 可以把翅膀大张开或半张开体现侧面身体；尾羽、大腿都以侧式表现。为了下步制作腿部时方便，暂时只挤一个里侧翅膀。

3 把丹顶、嘴、腿细挤出，一条腿直立站，另一条腿可以跷起，以显示姿态优美。

4 腿部制作完成后，再制作外侧翅膀，由里至外挤拔，一根比一根长，但要与里侧翅膀大小、长短一致。

仙鹤动态 2

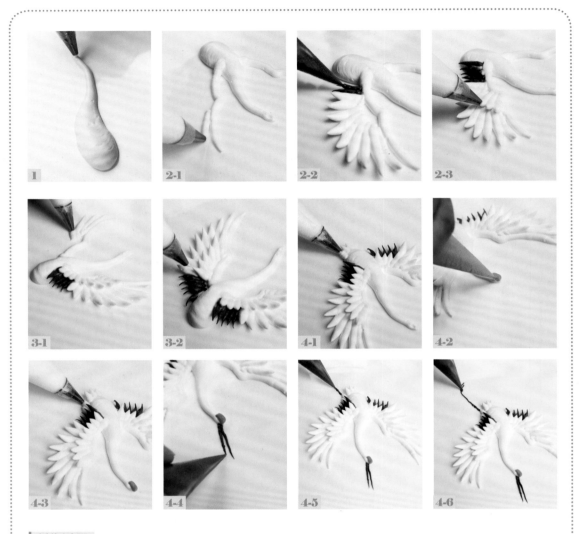

制作过程

1. 花嘴角度为60°，向右侧倾斜，鹤身体长与脖长比例为1∶1，脖子至头部要有粗细变化。

2. 用圆嘴或细裱袋在身体1/3处挤上右侧的翅膀支架，然后沿此支架挤拔出翅膀羽毛，且羽毛长度由外向内依次变短。第一层大羽、飞羽的次羽为黑色。顺着第一层方向拔第二层羽毛，统一、协调、整齐，且都短于第一层。

3. 左侧翅膀制作方法与右侧一样。

4. 鹤的背部为正面时，尾巴平挤拔；用红果膏或奶油做出红色丹顶；用巧克力膏细裱出细长的嘴。

5-1　　5-2　　5-3　　5-4

5 最后用细裱软膏在颈部由粗到细
挤上黑色。用奶油细裱袋挤上一
个白色圆点，再在白点上面点上
黑点做眼睛。

操作要点

一定抓住鹤三长一短的特征：腿、脖、嘴长，尾短。飞羽、次
羽和颈部为黑色，身体为偏长的蛋形。不要把身体挤得太肥大。

表现鹤的不同动态变化有以下几点：

1　翅膀的变动；

2　颈部的随意弯曲及方向的改变；

3　腿的变化摆放。

仙鹤动态 3

1　　2-1

制作过程

1 用小号圆嘴按身长与脖长1∶1的比例挤出
鹤身。回头鹤的脖子可以随意向上或向下弯
曲，以表现出不同的动态。

2 整体制作手法与前一例相同，若改变不同动
态，可以在身体两侧或身体一侧实现。

2-2　　2-3

仙鹤动态 4

制作过程

1. 制作翅膀手法与前面一样，需要注意的是，制作外侧翅膀要以70°翘拔，不要过于平拔，这样才能体现一里一外的半立体感。

2. 制作尾巴要拔一样的长度，以重叠向上的方式来体现侧面。

3. 跑的动态主要依靠腿的方向来展现，在挤大腿时，前腿不需插进身体，但后腿要插进身体1/3后挤出，这样才能体现出一里一外的立体感，其余制作手法相同。

仙鹤动态 5

制作过程

1. 在制作侧身向下的翅膀时，要注意两个翅膀支架不要挤得一样长，根据透视原理，要里短外长，尾巴要挤出侧面的角度。

2. 制作翅膀手法与之前一样，但要注意一点：里侧翅膀平放挤，外侧翅膀如图在前背身1/3处下方1/2的部位起步，拔翅膀羽毛的翘度为30°左右。

3. 制作腿时，由于翅膀在身体的下方张开，可以不挤大腿，直接将其细裱在尾巴下方。

仙鹤动态 6

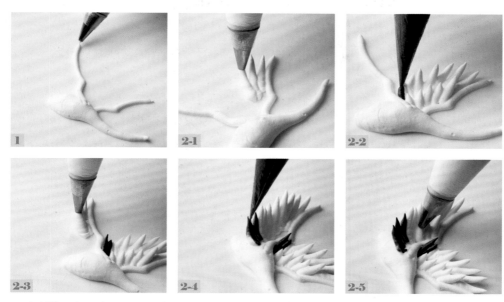

1 在制作飞行、向上的翅膀支架时，里侧翅膀比外侧翅膀短，外侧翅膀要在背前身1/3处的下方起步。

2 制作里侧翅膀时，可以挤拔黑羽1~2根，也可以不拔；当拔外侧翅膀时，翘度为70°~80°，必须要拔黑羽3~4根。

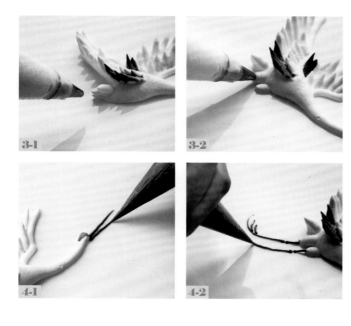

3 尾羽要向上重叠，侧挤，外侧大腿高于里侧大腿。

4 细裱出丹顶、嘴巴、腿部。注意：丹顶不要挤成鹅头；嘴巴上长下短；腿不是一条直线，而是有关节的，从大腿到关节的长度等于关节到爪部的长度，挤3根爪来表现爪部形态，爪末端均上弯。

5 细裱颈部黑色，可以拉两条细线，再涂挤，由粗到细表现黑羽。鹤的眼睛较小，用奶油挤一小圆点，再点上黑点即可。

第六章

花卉花边
蛋糕制作
基础

第一节

✳

鲜奶油花卉制作与组装

百合花

花语: 纯洁、神圣,象征着爱情,
寓意百年好合。

用途: 适用于装饰婚礼蛋糕。

花嘴: 7号小叶嘴。

▌ 花卉制作

1 将花嘴紧贴于花托内深处,由粗到细拔出花瓣。

2 在花托圆端内均匀地拔出三片长短粗细统一的花瓣。

3 在花瓣的交错点再由花托深处拔出三片花瓣。

4 将黄色奶油装入细裱袋,在花瓣中心拔出多根细长
花蕊。花瓣要有一定深度,且六片花瓣长短粗细统
一,用小号花托制作。

▌ 操作要点

如果没有花托,要先在蛋糕面上挤
出奶油底托,再进行制作。注意底托要
做成有深度的凹圆,不宜过大,以花瓣
制作完毕不易看到奶油底托为宜。

花边制作

1 取一个圆锯齿嘴，以挤的手法，在蛋糕坯底部做云边，做云边时花嘴要放在自己的正前方，花嘴的角度为45°，即蛋糕坯侧面与底盘夹角的1/2处，这样便于制作。

2 做云边时，基本手法是从雨点状变化过来的，只是在挤松的同时做了正反绕的动作，注意做云边的时候一定要有粗细变化，这样做出的花边才有动感。

3 用圆齿嘴在圆形蛋糕面的圆弧边口处，以吊绕的手法做花边装饰，这样的花边起到扩大面积的作用，同时有一种大气感。制作吊边时整齐度主要依靠每次手臂对拉出奶油的距离来控制。有些制作者会采取画线等手法，不是太科学，也影响制作速度，关键还要靠眼睛目测与手的配合，要多练习才能熟练操作。

操作要点

1 在做吊边时，花嘴要放在自己的正前方，花嘴顺着奶油的方向，向自己肩部方向拉，每次拉出的距离要一致，这样吊出的纹路底部长度才会一致，并且奶油也不容易断开。

2 绕吊花纹的纹路不要过于疏散或紧密，太过疏散给人一种凌乱感，过于紧密不易操作，给人一种粗糙感。

3 制作完整个花边后，要确保整个面没有太多接头，花纹清晰即可，顶部的圆形空白面积不能过小，否则不易构图，侧面的吊边与底部的云边距离不要过大。

向日葵

花语：阳光、健康、活泼、忠诚、
　　　爱慕、崇拜。

用途：适用于装饰生日蛋糕、儿童
　　　蛋糕、教师节和父亲节蛋糕。

花嘴：7号小叶嘴。

▌花卉制作

1 在花托圆端内挤一层奶油，注意奶油要呈
　凹面。

2 将花嘴倾斜40°，围绕花托圆端内边直拔出一
　圈花瓣。

3 在第一层花瓣间的交错处拔出第二层花瓣，
　第二层花瓣要与第一层花瓣长度相同。

4 在花瓣内部喷上黄色，然后将橙色奶油装入
　细裱袋，拔出一圈细小花蕊。

5 在花瓣中间用白色奶油挤一个圆球，作为
　花芯。

6 用巧克力软膏在花芯上画出格子图案。整体
　花形要圆润，两层花瓣长短要统一，排列整
　齐，花芯的圆球要大而圆。

▌操作要点

　　若没有花托，选择直接在蛋糕面上挤奶油
底托进行操作时，要注意奶油底托要较大些，
且底托内部呈凹形。

花边制作

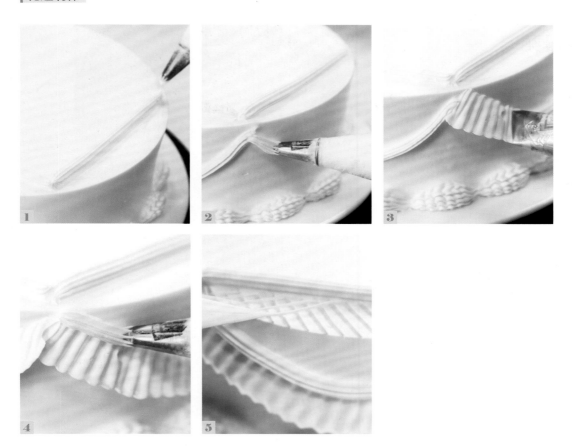

1. 取一个抹好直角的蛋糕坯，用圆形锯齿花嘴在蛋糕坯底部以抖的手法制作一圈短形毛毛虫，制作时要注意每个花纹体积不要太大，避免显得过于臃肿不够美观。然后在蛋糕的顶部以拉的手法制作一个五边形。

2. 在蛋糕的侧面做与顶部五条边相应的五条拉弧。

3. 用直花嘴贴着侧面的弧度。以绕的手法制作绕弧，制作弧形时注意每个弧形开始时的奶油挤出量不要太大，也就是挤奶油的力度不要太大，花嘴在每个弧的收尾处不要过于向右，转盘慢慢转动，这样花边才不会头宽尾细。

4. 在绕弧的上部用锯齿形花嘴以拉的手法拉弧。

5. 用三角纸包裹奶油，在蛋糕坯边缘处以拉的手法制作网格状，用以遮盖空白处，使整个花边更显精致。制作时要注意，网格的夹角为60°和120°，拉线时，三角纸和面之间的夹角为30°，这样奶油在制作过程中不易断开，另外奶油嘴和面之间要留一定距离，不要紧贴于面，否则线条会不直。

圣诞花

花语：象征美好祝福、快乐和
　　　平安。

用途：适用于装饰圣诞节蛋糕。

花嘴：7号小叶嘴。

花卉制作

1 在花托圆端内挤一层奶油，注意奶油要呈凹面。

2 将花嘴向上翘起30°上下抖动，拔出一圈花瓣。

3 将花嘴倾斜30°，在第一层花瓣交错的根部，由中心向外抖拔出第二层花瓣，第二层花瓣需略短于第一层。

4 将绿色奶油装入细裱袋，在花瓣中心细拔一圈，注意拔出的细尖应长度一致；略向外倾斜，不要垂直。

5 用黄色奶油在花蕊部分挤三个小圆球。

6 用巧克力软膏在小圆球上挤上黑点作为装饰。整体花形要求花蕊浅而小，圣诞花必须使用红、黄、绿色，制作花瓣时，若用夹色的双色奶油，层次感更强。

操作要点

　　若没有花托，也可直接在蛋糕面上挤奶油底托进行操作，步骤与用花托制作相同，注意底托内部要呈凹形。

花边制作

花边制作前，在此先说明一下蛋糕构成。一个蛋糕一般由蛋糕坯体、蛋糕主体、装饰花边组成，主体一般由单个的奶油雕、较大面体积的水果、巧克力等在顶部比较突出的部分构成，除此之外皆为装饰花边。花边的构成手法、材质、形式多种多样，此款蛋糕的花边比较简单，全部以线条构成。

1 在蛋糕顶部画几条线条，构成比较抽象的花篮形。

2 做完顶部后，同样用线条在蛋糕坯的底部画出如图的花纹。因为整个面浇了一层果膏，所以线条要破开果膏与奶油结合在一起制作，否则时间一长花纹就会滑下来，影响美观。

操作要点

所有在果膏上做的花边都要划过果膏和奶油接触在一起制作。

大丽花

花语：大吉大利。

用途：适用于装饰春节蛋糕、庆典蛋糕等。

花嘴：7号小叶嘴。

花卉制作

1 将花嘴贴于花托尖端，以直拔手法把尖端包起，做出花蕊。

2 将花嘴立起90°，交错拔出第二层花瓣，花瓣高度与花蕊相同。

3 将花嘴微向外倾斜10°，交错直拔出第三层。

4 将花嘴向外倾斜20°，交错直拔出第四层。

5 继续交错拔出第五层、第六层和第七层。注意制作每层时花嘴角度的变化，随着花的开放角度增大，花嘴的倾斜角度也越来越大，一般每层要比上一层倾斜10°。

6 最后完成整朵花的制作，整体花形饱满圆润，每层花瓣长度统一、层次分明、排列整齐。

花边制作

此道花边也可在其他花边制作完后再做。

1 取一个抹好直角的蛋糕坯，用圆形锯齿花嘴在蛋糕坯的底部以挤的手法制作一圈云状花边作为底部装饰。制作时要注意，花嘴的角度要对着蛋糕侧面与底盘之间的夹角，每个花纹都要短并且有粗细变化。

2 在蛋糕的侧面与顶部用扁形锯齿花嘴做平行线，每条平行线之间的距离为1~1.5厘米。制作拉线时要注意，花嘴应与蛋糕侧面接近平行，从下向上拉边，在顶部拉边时，花嘴与面之间要保持30°~45°夹角，不论在侧面还是在顶部制作，花嘴都不要紧贴于蛋糕表面，只有这样拉出的纹路才比较直且饱满。

3 在两条平行线之间，用圆形花嘴做随意性的小拉弧，形成与平行直线之间的对比，使整个面有变化，不会过于呆板。

4 最后在每个弧里挤上奶油小点做点缀即可。

操作要点

　　本款蛋糕的花边最适合用同色制作，不可用多色制作，否则会给人一种凌乱的感觉，影响整体效果。

瓜叶菊

花语：合家欢乐、繁荣昌盛。

用途：适用于装饰春节蛋糕。

花嘴：7号小叶嘴。

花卉制作

1 首先在花托内部1/2处挤上一层奶油，将花嘴紧贴在花托深处。

2 由宽至窄向上、再向外微弯拔出花瓣，花瓣要超出花托圆口外边。

3 花嘴紧贴着第一片花瓣，用拔的手法拔出第二瓣，要与第一瓣长短一致。

4 沿着花托圆托内，一个紧贴一个拔完一层。

5 将黄色奶油装入细裱袋内，在花蕊处拔一圈。

6 在花蕊中央用奶油挤一个圆球，并用黑色果膏在中心处挤一圆点。

7 再用黑色果膏在每个黄色花蕊上点上小黑点。每瓣花瓣要长短、粗细、高度一致，排列整齐，花形圆润。

五瓣花

花语：充满青春活力，青春之美。

用途：适合装饰送给朋友的生日蛋糕。

花嘴：12号中直花嘴。

花卉制作

1 在花托圆口的表面挤上一圈奶油，以方便进行下一步操作。

2 将花嘴薄头朝上，放在花托圆内1/2处，微向上翘起10°~20°。

3 左手不断转动花托，右手挤出奶油，挤和转的速度要协调。花嘴上下小幅度抖动，挤出一片扇形花瓣，花瓣收尾时，花嘴角度略高于起步时的角度。

4 制作第二片花瓣起步时，花嘴要位于第一片收尾时的位置，花嘴角度略低于第一片收尾时角度。制作第二片时要注意与第一片花大小一致，同时也要注意收尾时角度略高。

5 制作每一片花片都需要注意前一片花片的大小和收尾时的角度变化。花嘴角度变化要一致，这样才能整体美观，特别要注意收尾时角度要略高，以免碰到下一个花瓣。

6 做完花瓣后，在裱花袋内装入橙色奶油，由粗到细垂直挤出花蕊。

操作要点

在没有花托的情况下，可以在蛋糕面上直接挤3~4个圆圈，作为花托，注意不要挤得过高。在此基础上开始进行花瓣的制作。

花边制作

1 取一个抹好的直角蛋糕坯，先用直花嘴在蛋糕坯底部以绕的手法做一圈花边，再在蛋糕坯侧面的上部做四个长绕弧，围绕蛋糕坯一圈，然后用圆形花嘴以绕的手法，在蛋糕坯底部花边的上边缘再做一圈细小的花纹，这样底部不会显得过于单调。

2 用圆形锯齿花嘴在蛋糕顶部拉四条反拉弧，与侧面的长绕弧对应配合。然后在侧面绕弧的上边缘，用圆形锯齿花嘴拉一条花边。

3 最后取一张三角纸包上奶油，在蛋糕边缘两弧中间的空白处挤上细丝装饰。

操作要点

1 在做侧面弧度花纹时，最好的手法是用绕，尽量不要用抖，因为用抖的手法在侧面上制作容易倒塌变形。

2 蛋糕顶面中心留的空白处要足够大，否则就没有办法摆放主体，而且过小的空白会给人一种小气压抑的感觉，影响整体美观。

3 在挤丝时，三角纸围成的挤花袋在出口处要剪得细一点，挤出的奶油丝约为头发丝的1倍粗，过粗显得不够精细，过细又会缺乏立体感；挤丝时还要注意每条丝要成旋转的曲线，不要出现长直线。挤的手法如图所示，一手堵住奶油的尾端用力，另一只手挤奶油的中部，这样比较省力，操作也比较快。

宿根福禄考

花语：祝福、庆贺。

用途：适用于装饰送朋友的生日蛋糕，以及庆典、开业典礼、乔迁之喜的蛋糕。

花嘴：12号中直花嘴。

花卉制作

1 在花托圆口的表面挤上一圈奶油，方便进行下一步操作。

2 将花嘴的1/2放在圆内，翘起10°～20°，制作方法与五瓣花相同，但花瓣要小于五瓣花。

3 围绕花托制作出花瓣。

4 在花蕊中间挤上黄色小圆球。

5 将巧克力软膏装入细裱袋内，在小圆球上点上小点作为装饰。整体花形要圆润，花瓣大小一致、排列整齐。

操作要点

在没有花托的情况下，可以在蛋糕面上直接挤3～4个圆圈作为花托，注意不要挤得过高。在此基础上进行花瓣制作时需注意，在蛋糕面上挤的奶油底托比较软，制作时要小心地将花放在上面，以免奶油塌陷失去支撑作用，导致花瓣平铺在蛋糕面上，失去立体感，不美观。

花边制作

1 取一个抹好直角的蛋糕坯，用圆形锯齿花嘴在蛋糕坯的底部以挤的手法制作一圈花纹装饰，再用直花嘴在蛋糕的侧面做三个等距离的长弧形，制作时如果没有把握做好弧形，可先用圆形锯齿花嘴拉好一圈弧形，再制作直花嘴的绕弧边。

2 在蛋糕顶部，用圆形锯齿花嘴从三个弧接头处，以变形的云边手法制作花纹，将蛋糕坯顶部空间分割成一个三角形。

3 再用圆形锯齿花嘴，在侧面绕弧边与面的交界处用抖的手法制作长弧毛毛虫。制作时要注意长弧毛毛虫一定要做得细一点，细粗变化要匀称，花嘴一定要放在蛋糕中心线的左侧，以便于操作。

4 在三个弧的接头处用圆形锯齿花嘴，以挤的手法制作一个曲奇形圆点，注意圆点不要太扁。

5 在蛋糕顶部的三角形外空白处挤上小点作为点缀。

野菊花

花语：朴实平和。

用途：适用于装饰送给朋友的生日
蛋糕。

花嘴：12号中直花嘴。

花卉制作

1 在花托圆口的表面挤上一圈奶油，然后将花
嘴的1/2放置在花托圆面上，翘起70°～80°进
行直挤操作。

2 在挤花瓣时，要尽量控制将花瓣做小一些；
收尾时，花嘴要立起，不挤出奶油，向下拿
开花嘴。

3 挤第二片时要尽量保持与第一片大小一致，向
下每挤一片，都需要以前一片为标准进行操作。

4 沿着花托制作一圈花瓣，需注意最后一片花
瓣应与其他花瓣的间距统一。

5 在细裱袋内装入黄色奶油，在花片中间挤出
几个小圆球作为花蕊。

6 在细裱袋内装入巧克力软膏，在每个小圆球
上点上黑点作为装饰。整体花形要圆润，花
瓣大小一致、排列整齐。

操作要点

在没有花托的情况下，可以在蛋糕面上直
接挤3～4个圆圈作为花托，在此基础上开始进
行花瓣的制作。如果底托挤得较高，花嘴角度
需成80°进行制作；如果底托较矮，花嘴角度
可以以90°垂直制作。

花边制作

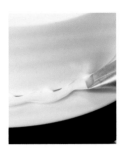 **1** 取一个制作好的直角蛋糕坯，用10号直花嘴以拉弧手法，在直面的底部以正拉弧做装饰边。此种花边能使蛋糕的底部有扩张感，注意每条弧不要太长，否则会有很大的粗糙点，无法遮盖。

 **2** 取圆锯齿花嘴，以挤的手法在正拉弧的内侧做雨点状花纹，以遮盖正拉弧带来的内侧粗糙点。此处还可以用短毛毛虫搭配，可体现饱满感。

 **3** 取10号直花嘴，以拉弧手法在侧面上部做反拉弧装饰边，此种花边能使蛋糕显得有扩张感，一般放在上边缘向下1.5~2厘米处。

 **4** 以圆锯齿嘴沿着直花嘴拉弧的下边缘，以直拉手法制作一条反拉弧，来遮盖直花嘴拉弧带来的粗糙点，同样给人一种饱满的感觉。

 **5** 再用圆锯齿嘴在蛋糕坯顶部，以直拉手法制作两道平行直线，将蛋糕坯顶面分割开。平行线不要在中间平分，最好偏于面的某一边，这样整体构图比较好看。

 **6** 在两条平行线之间填上黄色果膏，将整个面分为一大一小的两块空白面，其中大面积空白面为构图的主面积。平行线中间也可以用其他的方式遮盖，如吐丝、迷宫、果仁等。

操作要点

1 在做挤的手法时，花嘴尾部向右倾斜，手做挤松动作即可，无须做前后动作，花边饱满度主要取决于挤出奶油时的力度大小。

2 以直拉的手法制作直线时，花嘴与面之间的夹角为30°，同时花嘴要离开面进行制作，只有这样，纹路才比较清晰，不易断开，也比较直。

3 制作完整个花边后，要确保整个面没有太多的接头，花纹清晰，分出的面大小分明。

牡丹花

花语：富贵、圆满、浓情，象征繁荣
　　　昌盛、幸福和平。

用途：适用于装饰送朋友的生日蛋
　　　糕，中秋节、春节等节日蛋
　　　糕，庆典蛋糕和过寿蛋糕。

花嘴：12号中直花嘴。

花卉制作

1　用花嘴较厚的一头在花托圆外抖挤一圈，扩
　　大面积方便下一步操作。

2　在花托圆内表面挤上一层奶油作为支撑。

3　将花嘴薄的一头朝上，放在花托圆内1/2处，微
　　向上翘起20°，上下抖动挤出扇形花瓣，六片
　　为一层。

4　将花嘴放置在第一层花瓣交错处的根部，倾
　　斜30°~40°，抖动挤出第二层花瓣，需与第
　　一层花瓣同样大小。

5　把花嘴放置在第二层的根部，立起80°~
　　90°，抖挤出第三层花瓣。花瓣需略小于前两
　　层，挤第三层时，需在花蕊部位留有足够的
　　空间，使花蕊部分凹进去。

6　将黄色奶油装入细裱袋内，拔挤出数根花
　　蕊。整体牡丹花必须呈三层，花形圆润。每
　　层之间应有立体感，花瓣有一定翘度才美观。

花边制作

1 取一个抹好的圆面蛋糕坯，用直花嘴在蛋糕坯底部与侧面成45°角，用绕的手法制作一圈花纹。制作时注意，如果蛋糕面底脚太空，担心花边凹陷，可以先用圆形花嘴拉一圈垫底。

2 当第一道边做完后，在其上边缘处用圆形花嘴拉一圈，然后在此圈上面制作一个个小的"如意"形花纹。制作时要注意花纹的流畅性，在制作完第一层后再在上面制作一层，这样显得更饱满。

操作要点

在没有花托的情况下，可以在蛋糕面上直接挤圆圈作为花托，在此基础上开始进行花瓣的制作。由于牡丹花瓣较多，挤出的奶油花托要较为圆大，且不宜过高，这样才能把花瓣托起。

红掌

花语： 激情、热情、事业兴旺、大展宏图。

用途： 适用于装饰开业庆典蛋糕、婚礼喜庆蛋糕、送朋友的生日蛋糕。

花嘴： 12号中直花嘴。

花卉制作

1 在花托圆口的表面挤上一圈奶油，然后将花嘴的1/3立在圆面上，微翘起10°，用花嘴在圆面的1/2处画上一条线作为参考线。

2 左手转动花托，右手挤出奶油，花嘴上下抖挤或直挤出扇形。此时，花嘴几乎在原地不动，转动花托进行操作。

3 花托转动至接近180°时，花托不动，花嘴向后侧画一条线，然后继续转动花托，向前抖挤。

4 抖挤至起步点时，转动花托，花嘴画上一条直线，向上翘起约20°，作为收尾。

5 用花嘴在扇形两旁稍作修饰，使花呈尖形。

6 把黄色奶油放入细裱袋中，由粗到细挤出一根长花蕊，然后用巧克力软膏点上黑点作为装饰即可。注意整体花形要呈心形，不要呈圆叶状，两边扇形要对称。

操作要点

在没有花托的情况下，可以在蛋糕面上直接挤圆圈作为花托，在此基础上开始进行花瓣的制作。这时需转动转盘与右手协调配合进行制作，直接在蛋糕面上制作较为麻烦，不如在花托上制作方便。

花边制作

1 取一个抹好直角的蛋糕坯，用圆形锯齿花嘴在底部拉一直线，使蛋糕坯与底盘能较好地结合在一起，然后在侧面以拉弧的手法制作一圈弧边，8寸蛋糕需制作5~6个弧。

2 取一直花嘴以绕的手法贴着上一道弧边，制作一道绕弧的花边，在此处尽可能不要用抖的手法制作，对初学者来说不容易做好。

3 在绕弧和侧面的交接处，用圆形锯齿花嘴以抖的手法制作一道长毛毛虫花边，制作时注意长毛毛虫不能太粗，否则会显得较为臃肿。制作毛毛虫时花嘴要向右侧倾斜，放在中心线偏左的地方。

4 在每个弧和毛毛虫的转折处，用三角纸装奶油挤出心形做点缀。

5 在蛋糕上部边缘处，用圆形锯齿花嘴制作一圈心形花纹做装饰，制作时注意心形不要过大，要让蛋糕坯中心留有较大的空间摆放主体，还有画心形时花嘴不要太过于贴着面，否则花纹纹路会不太清晰，影响整体美观度。

玫瑰花类

花语：美丽和爱情，是表达爱情的常用花卉。

用途：适用于装饰婚礼和情人节蛋糕。

花嘴：12号中直花嘴。

1 普通玫瑰

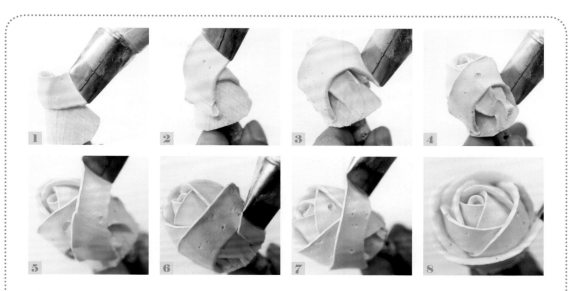

花卉制作

1 将花嘴薄头朝上，紧贴于花托尖部，左手将花托轻转一圈，右手挤出奶油直绕一圈，作为花芯部分。

2 花嘴在花托尖部下端起步，向内倾斜45°，由下向上再向下，直绕挤出弧形，作为玫瑰花第一层第一片。

3 将花嘴放在第一片的1/2处，由下向上再向下，直转挤出第二片。

4 用同样的手法再绕挤出第三片，至第一片的起步点收尾，三片花瓣作为第一层。

5 将花嘴放在第一层最后一片的1/2处，呈90°角，由下向上，再向下直绕挤一片，作为第二层第一片。

6 用与第一层同样的手法做出第二层，三片为一层，第二层高度需略低于第一层。

7 用与第二层相同的手法做出第三层，三片为一层，注意第三层的高度需略低于第二层，花嘴要向外倾斜20°~30°。

8 最后制作出的玫瑰花，花芯紧凑，整体花形饱满，三至四层即可。

操作要点

如果没有花托，也可在筷子上进行制作，注意使用筷子较粗的一头，便于操作。

花边制作

1 取一个制作好的直角蛋糕坯，用10号直花嘴，以拉弧手法，在直面的底部以反拉弧做装饰边，此种花边能使蛋糕的底部显得饱满。

2 取一个圆锯齿花嘴，以抖的手法，在反拉弧的下部做细长型毛毛虫花边，反拉弧在底部时会出现很大的空洞感，只有配合毛毛虫才能显得饱满。

3 在蛋糕坯的顶部边缘用10号直花嘴以拉的手法做正拉弧，花嘴的外边缘要略微翘起，不要过于贴向蛋糕坯表面，这样会有立体感，正拉弧在蛋糕坯上边缘会给人一种扩大面积的感觉。

4 用圆锯齿嘴沿着直花嘴拉弧的内边，以抖的手法制作一道弧形毛毛虫，与底部形成呼应，同样给人一种饱满的感觉。

5 再以圆形花嘴在底部花纹的每一个交接部位以抖的手法，向上贴着面，做花纹装饰，此花纹可以让侧面不会显得太空，当蛋糕坯很薄的时候也可以不用此花边。

▎操作要点

1 每道花边的接口处一定要在同一边，这样才能使整个蛋糕花边显得比较精细。

2 在做抖的时候，一定要注意花嘴的角度和位置，花嘴在做抖动时，最好放在蛋糕面中心的左侧，与面之间的夹角为30°~45°，只有这样，纹路才比较清晰，夹角过大纹路会过扁平不够清晰。

3 制作完整个花边后，要确保整个面没有太多的接头，花纹清晰。

2 旋转玫瑰

花语： 诚实、品德高尚。

用途： 适用于装饰送朋友的生日蛋糕。

花嘴： 12号中直花嘴。

花卉制作

1. 将花嘴贴于花托尖部顶端，直绕一圈作为花芯。

2. 将花嘴向内倾斜45°，从花托下部开始，由下向上再向下，直挤绕圈，把花芯包住一半。

3. 花嘴放在前一片起步点稍靠后一点的位置，向下绕出一片花瓣，但绕过来收尾时，要向前一些，花嘴向内收尾。制作前几层花瓣时，高度要与花芯高度几乎相同。

4. 最后几层花瓣需渐渐低于前一层花瓣，花嘴角度渐渐向外打开，绕长些，收尾结束。

5. 整体花形圆润饱满，围绕花芯部位呈四周旋式环绕。

操作要点

如果没有花托，也可以在筷子上进行制作，注意选择筷子较粗的一头，便于操作。在筷子上操作时，花瓣层次不需要太多。

花边制作

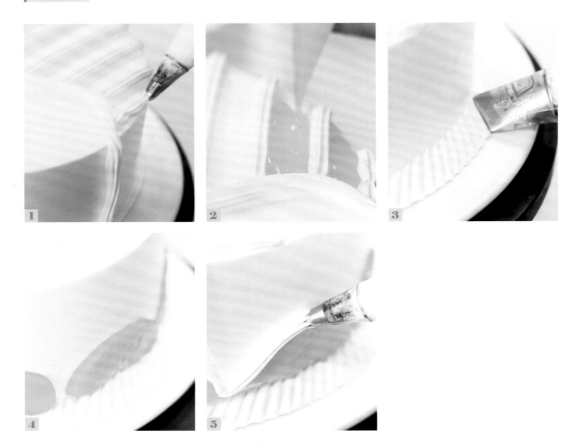

1. 取一个抹好直角的蛋糕坯，用圆锯齿花嘴在蛋糕面上拉一条S形线条，将整个面分为两部分，在蛋糕面的右侧制作平行线，每条线间距1～1.5厘米。制作时，注意每条线的接头和收尾要做好，不要太过粗糙。

2. 在每条平行线间填上果膏。注意果膏不要过于稀薄，否则会从侧面流下来，影响美观。

3. 在蛋糕底部用直花嘴以绕的手法制作一道花边做装饰，制作绕边时，绕边的下侧与侧面保持45°角，不要过于向上离开底盘，也不要过于平躺在底盘上，否则会给人一种单薄感。做出的花纹纹路最好是向右倾斜的，会有一种运动感，不要直直的，以免呆板。

4. 做完底边后，切一些黄桃片贴于花边上方，要紧贴于底部的花边，贴一圈即可。

5. 最后再用圆形锯齿花嘴贴着水果的上边缘，以拉的手法制作一圈反拉弧，用以遮盖水果上边缘的粗糙点，使整个花边显得更精致。制作时要注意，每个弧的转折点要慢一些，挤奶油的力度也要小一点，不要形成明显的棱角，还有拉弧一定要贴着水果，不要留有空隙。与此同时，制作的弧形要尽可能圆滑整齐。

3 对称玫瑰

花语： 诚实、品德高尚。

用途： 适用于装饰送朋友的生日
蛋糕。

花嘴： 12号中直花嘴。

▌花卉制作

1 将花嘴贴在花托尖端，直绕一周，作为花芯。

2 花嘴向花芯倾斜45°，直绕挤半圈作为第一片
花瓣，在对面的半圈，以相同方式再绕挤一
片花瓣。

3 左右对称直绕挤出外面几层花瓣，两侧花瓣
须层次统一，注意每层间隔相同，后一片花
瓣高度要略低于前一片。

4 每一片收尾时，要与前一片的收尾处衔接
好，花嘴向内倾斜收尾。

5 每一片的起步点要与前一片相同，每一层花
嘴角度随花瓣向外开放程度而改变，最后做
出的玫瑰要成轴对称，每层间隔相同。

▌操作要点

如果没有花托，也可在筷子上进行制作，
注意使用筷子较粗的一头，便于操作。

一个花嘴的宽度

1 取一制作好的圆坯，用扁锯齿花嘴以拉的手法，在圆面的底部做间隔相等的短直线。此种花边是制作十字编的第一步，每段短直线之间的距离为一个花嘴的宽度，短直线长度为两个花嘴宽度。

2 在拉完一圈短直线后，以直拉的手法在底部拉一圈，并且要盖住短线约一个花嘴的宽度，这是十字编的第二步。

3 在第一步的每段短线之间拉出短线，长度为四个花嘴的宽度，依次拉完一圈。

4 在拉完第二圈短线条后，以直拉的手法拉一圈，并且要盖住短线上部一个花嘴的距离，这是十字编的第四步。然后按照此方法依次制作直至顶部。

5 在拉完最后一圈后，以长度为两个花嘴宽的短线条收尾作为十字编的最后一步。

6 在蛋糕顶部以绳子编的手法收尾，遮盖顶部的粗糙点，绳编的手法基本是S形组合。

操作要点

1 在做十字编的时候，注意接头处不要太粗，这样不自然，要做到一气呵成；收尾时花嘴要立起来，做左右摆动动作即可，这样收尾才比较整齐。

2 做绳编时要将花嘴放在中心偏左的位置，转台做左右动作，所有的接头都要接到里面，每段S形要长一点，与绕绳有明显区别才好看。

4 螺旋玫瑰

花语：诚实、品德高尚。

用途：适用于装饰送朋友的生日蛋糕。

花嘴：12号中直花嘴。

花卉制作

1 将花嘴立在花托尖端起步，花嘴略向尖端内倾斜。

2 直挤一圈包蕊，左手转动花托，右手挤奶油，注意要速度均匀、协调一致。

3 连续不断地挤奶油，至第二圈时，将花嘴角度变换为90°，继续制作。

4 制作第三圈时，花嘴慢慢向外打开，约向外倾斜10°，进行制作。

5 将花嘴角度变换为向外倾斜20°，继续转挤第四圈。

6 花嘴角度变换为30°，转挤第五圈；花嘴角度变换为40°，转挤第六圈；花嘴角度变换为50°，转挤第七圈。

7 最后挤出的花应是花圆、蕊凸，每层花瓣的间隔一致。

操作要点

如果没有花托，也可在筷子上进行制作，注意使用筷子较粗的一头，便于操作。

卡特兰

花语：敬爱、倾慕。

用途：适用于装饰送朋友的生日蛋糕、教师节和父亲节蛋糕。

花嘴：12号中直花嘴。

花卉制作

1 将花嘴的1/2贴于圆内边，花嘴微倾斜40°。

2 左手转动花托，右手连续地在花托上挤绕一圈作为一片花瓣，注意在起点和收尾之间留一点空隙。

3 在空隙两侧各直绕一片扇形花瓣。

4 将黄色奶油装入裱花袋，用叶形裱花嘴直拔出由粗到细的细尖作为花叶（也可用2号花嘴制作）。

5 将粉色奶油装入细裱袋内，在花瓣内，挤上粉色花蕊。注意两侧扇形花瓣要大小统一，绿色花叶要尖、长、细，花瓣长短统一。

花边制作

1 取一个抹好面的圆形蛋糕坯，使用最大号扁形锯齿花嘴，以拉的手法在蛋糕的底部拉一圈花边进行装饰，花边要有立体感，不能平躺在底盘上。

2 在第一道花边的上边缘，用叶子形花嘴以拉的手法，做一圈带纹路的拉边。制作的基本要领为：花嘴悬空，与接触面保持略微的距离，匀速挤出奶油，转盘匀速转动，制作出纹路整齐清晰的花纹。其中花纹的粗细程度由花嘴离开面的距离决定，距离越大纹路越粗，反之越细，当花嘴贴于面时将没有花纹。花纹的均匀程度与奶油挤出量及转盘转速有关。

3 最后在花纹上部的空白处，用圆形花嘴做"如意"形花纹点缀。每个花纹间点上弧形小点，使花纹有连贯性。

罂粟花

花语： 梦想成真、安慰、祝你成功。

用途： 适用于装饰送朋友的生日蛋糕
和庆典蛋糕。

花嘴： 12号中直花嘴。

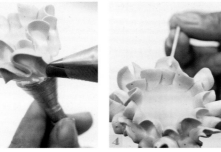

▎花卉制作

1　将花嘴垂直于花托圆端外，直挤出较小的花瓣。

2　挤一片比第一片花瓣更大更高的花瓣，然后
继续这样一高一低错开挤，挤满花托一圈。

3　将花嘴放置在第一层花瓣的根部，向外倾斜
45°，以与挤第一层一样的手法挤出第二层。

4　用牙签对花瓣进行装饰，将花瓣边的中心挑
开，使花瓣呈现小而多的不规则齿状感。

5　将黄色奶油装入细裱袋，挤拔出一圈黄色细
丝，作为花蕊。

6　花朵两层要层次分明，花瓣呈现不规则的凌
乱状。

1 取一个抹好直角的蛋糕坯，在蛋糕顶部用圆形锯齿花嘴做平行线，每条平行线之间距离为1~1.5厘米。注意在制作拉线时，花嘴与面之间要保持30°~45°夹角，花嘴不要紧贴于蛋糕表面，这样拉出的纹路才比较直且饱满。

2 用圆形花嘴以拉的手法，按照上一步的方法制作第二层拉边，使蛋糕表面形成网格状。制作时要注意，网格的角度以60°和120°的形式最漂亮，角度太过接近90°时整个网状就会显得呆板，角度太过接近180°时整个蛋糕面又显得比较拥挤和凌乱。其次，制作时还要注意两层拉线的首尾最好能相接，使整个面保持整洁。

3 取一个直花嘴在蛋糕底部用绕的手法制作一道花边进行装饰。

4 因为顶部的花纹比较复杂，为了显得饱满，底部的花纹也不能过于单调，因此可用圆形锯齿花嘴以挤的手法，在上一步所制花纹的上边缘再制作一圈花纹。

木槿

花语：沉思、稳重。

用途：适用于装饰送朋友的生日蛋糕。

花嘴：12号中直花嘴。

花卉制作

1 将花嘴较厚的一边向上，花嘴的1/2处放置在花托圆端外，略向内倾斜，左手不断转动花托，右手挤奶油，两手协调匀速直绕一周作为第一层花瓣。

2 将花嘴较薄的一头朝上，放在圆花瓣外，花嘴倾斜40°，直绕挤出扇形花瓣，一圈挤五片作为第二层。

3 将黄色奶油装入细裱袋，然后在花托圆端内挤拔出花蕊（也可先做花蕊再做花瓣）。

4 整体花形圆润，第一层花瓣开口向内，有包裹感，第二层花瓣要大小一致、色彩淡雅。

花边制作

1 取一个抹好直角的蛋糕坯，用扁形锯齿花嘴拉线将整个蛋糕面包住。

2 在做完包面后，用圆形锯齿花嘴在蛋糕面的底部以挤的手法制作一圈花纹作为装饰。

操作要点

在制作侧面拉线时，花嘴要与蛋糕侧面接近平行，从下向上拉制；在顶部，花嘴要与面之间保持30°～45°夹角。不论在侧面还是在顶部制作，花嘴都不要紧贴于蛋糕表面，只有这样拉出的纹路才比较直和饱满。在包整个面时，首先，每一条线条要尽可能地贴在一起，不要露出底面颜色；其次，侧面两条线之间略微重叠即可，顶部重叠部分要大于侧面很多，并且还要用花嘴将前面的奶油刮掉一点。

茶花

花语：沉思、稳重。

用途：适合装饰送朋友的蛋糕。

花嘴：12号中直花嘴。

花卉制作

1 将花嘴放在花托圆端外，略向外倾斜40°，然后由下向上再向下，拉绕出扇形花瓣，一周绕四片，作为第一层。

2 在第一层两片的交错处，花嘴向内倾斜20°或直立90°，直绕出四片花瓣作为第二层。

3 在第二层花瓣的交错处，将花嘴向外倾斜20°~30°，直绕出四片花瓣作为第三层。

4 整体花形圆润，每层花瓣大小一致，花芯整齐向内包。

花边制作

1 取一个抹好的直角蛋糕坯，在蛋糕坯底部用圆形锯齿花嘴以挤的手法制作一圈曲奇形状的花边，制作时要注意花嘴与蛋糕坯侧面及底盘的夹角垂直，挤时要略微离开一点距离，先挤一个圆点，再在圆点边缘挤一圈，要求中心无空隙。

2 在蛋糕坯顶部用圆形锯齿花嘴，以拉的手法做旋转形射线，排满整个面。制作时要注意每条线之间的配合要协调，尾部收在一起。

3 最后在每两条线条的中间空白处，用果膏做叶状装饰即可。

睡莲花

花语： 纯洁、端庄、秀丽。

用途： 适用于装饰送朋友的蛋糕，适合与天鹅、鸳鸯、鱼、牛、蛇等组合装饰。

花嘴： 2号花嘴。

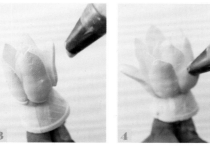

花卉制作

1 将花嘴贴于花托尖端，由下向上直拔出三片花瓣，将花托尖包起。

2 将花嘴90°垂直立起，不交错地垂直拔出第二层，第二层要与花芯部分高度相同。

3 花嘴略向外倾斜20°，交错直拔出第三层。

4 花嘴倾斜40°，交错直拔出第四层。

5 将花嘴倾斜60°，交错直拔出第五层。在花瓣底部喷上黄色，使花瓣更为美观。

6 整体花形要圆润，每层花瓣长短统一，每层都需略低于前一层，但花瓣长度都比前一层略长，层次分明。

操作要点

若没有花托，可以在蛋糕面上用奶油挤出一个锥形底托进行制作，制作手法与在花托上制作相同，要求底托底部粗、上部尖。

康乃馨

花语：女性之花、亲情、真挚友
　　　情、魅力与尊敬。

用途：适用于装饰母亲节蛋糕，或者
　　　送给女性朋友的蛋糕。

花嘴：14号花嘴。

▌花卉制作

1 将花嘴贴于花托的尖端，随意由下向上抖
　挤，再向下抖挤，形成弧形花芯。

2 将花嘴立起90°，抖挤出第一层花瓣，花瓣需
　自然弯曲。

3 将花嘴立起90°，在上一层的交错处抖挤出长
　而窄带弧度的花瓣，高度与花芯部分相同。

4 将花嘴立起90°，在上一层交错处，抖挤出有
　自然弯曲感的花瓣，高度需略低于上一层。

5 将花嘴向外倾斜10°～20°，抖挤出花瓣，略
　低于上一层。

6 最后一层将花嘴向外倾斜40°，抖挤一圈花
　瓣，高度略低于上一层。整体花形圆润，花
　蕊微凸，花瓣蓬松有凌乱感。

▌操作要点

　　如果没有花托，也可以在筷子粗头上制
作，但筷子的支撑力没有花托好，如果做的花朵
较大，还是需要用花托制作。

花边制作

1 取一个抹好的直角蛋糕坯，在顶部用圆形花嘴画一个心形，心形不要太小，但边缘要留有足够的空白。

2 画完后用直花嘴贴着心形的内侧以绕的手法制作一圈，起点从心形的凹处开始，制作时一定要注意在心形尖角处的转折要慢一点，不要分开，要连贯成一体。

3 用圆形花嘴与圆形锯齿花嘴，以云边的手法做变形后的心形花纹，在整个蛋糕体的侧面做首尾相连的五个花纹（以8寸蛋糕为例），中间的心形不要太大。

4 在侧面每个花纹的空隙间，以圆形锯齿花嘴，制作长形毛毛虫，注意长形毛毛虫制作时不要太粗，否则会显得蛋糕不够细致，制作抖边时花嘴一定要放在中心线的左侧，才比较容易操作，花纹也比较细腻。

5 最后在每个花纹的接头处挤一对小雨点状花边点缀即可。

荷花

花语： 清白、高尚而谦虚。

用途： 适用于装饰婚礼蛋糕，适合与天鹅、
鸳鸯、鱼、牛、蛇等搭配装饰。

花嘴： 8号花嘴。

花卉制作

1. 将花嘴倾斜30°放置在花托圆端外，直拔出一圈花瓣。花瓣根部奶油较厚，至边缘渐渐变薄。

2. 在第一层内的根部交错处，将花嘴倾斜60°，弯拔出一圈花瓣。

3. 在花瓣的外围交错处，直拔出一圈花瓣。

4. 将绿色奶油装入细裱袋，在花瓣中心挤出圆球，作为花蕊。

5. 将黄色奶油装入细裱袋，在绿色小圆球上挤出几个小点。

6. 将巧克力软膏在黄色小点上挤黑点，再在绿色球表面挤出圆形线条，最后在其边缘拔一圈黄色奶油。花形圆润，每层花瓣大小统一。

操作要点

若没有花托也可以在蛋糕面上挤出奶油底托，再进行制作。注意奶油底托不要过高，但要大一些，制作过程与在花托上大体相同，注意在底托上用的是由里向外拔的手法。

花边制作

1 取一个抹好直角的蛋糕坯，用圆形锯齿花嘴在蛋糕的顶部用拉的手法做一圈圆形花纹，在圆圈内填上绿色果膏，注意果膏一定要抹平，这样才会有精致感。

2 用直花嘴在竹签上制作小荷叶，用绿色喷色后，贴于蛋糕坯的底部围制一圈，作为蛋糕底部的花边。

旋转铃

花语：祝福、贺喜。

用途：适用于装饰生日蛋糕、开业庆
典蛋糕、升迁之喜蛋糕。

花嘴：13号花嘴。

▌花卉制作

1 用细裱袋在花托表面挤一层奶油，然后在奶
油圆面中心挤一个小圆球，作为制作的基础。

2 将花嘴放在小圆球边缘，由厚至薄弯拔出花
瓣，花嘴角度为80°~90°。

3 花瓣要围着小圆球绕一圈，均匀摆放，不能
挤得太密。

4 在花瓣中心挤一小圆球作为花蕊。

5 将巧克力软膏装入裱花袋，在小圆球上点黑
点作为装饰。整体花瓣要长度统一，排列整
齐，每瓣之间的间隔一致。

▌操作要点

若没有花托也可以在蛋糕面上挤出奶油底
托，再进行制作。注意奶油底托不要制作得过大
或过高。

花边制作

1 取一个抹好的直角蛋糕坯，在侧面与顶部边缘用扁形锯齿花嘴每隔一段距离做线条，每段线条之间距离为2~2.5厘米，制作拉线时要注意，在侧面时花嘴要与蛋糕侧面接近平行，从下向上拉制，在顶部时花嘴与面之间保持30°~45°夹角。不论在侧面还是在顶部制作，花嘴都不要紧贴于蛋糕表面，只有这样拉出的纹路才比较直且饱满，在上部线条收尾时，花嘴垂直于蛋糕面，做轻微的左右摆动，即可收出整齐的尾部。

2 在蛋糕侧面底部的每两条线条之间，用扁形锯齿花嘴以拉的手法做反拉弧，制作时花嘴呈一定角度，要注意离开面的那一端向左前上方，花嘴平面与侧面之间要成30°~45°夹角。

3 拉完弧后贴着弧线，用扁形锯齿花嘴用同一颜色制作一条抖毛毛虫花边，以增加底边蛋糕花边的饱满感。注意花嘴的摆放角度与反拉弧一致。

4 最后在蛋糕顶部边缘的空隙间，用果膏点上大小变化的点。制作时注意一定不要将点挤得一样大或分布太密，颜色也不能过艳，否则整体会显得很凌乱。

鱼尾菊

花语：真实、真诚。

用途：适合装饰生日蛋糕。

花嘴：13号花嘴。

花卉制作

1 将花嘴放在花托外，倾斜20°，围绕花托弯拔出一层花瓣。

2 将花嘴放在第一层花瓣内交错处，倾斜40°，弯拔出第二层花瓣。

3 将花嘴垂直，在花朵中心部分不交错地直拔出第三层花瓣。

4 用黄色奶油在花托中心拔一层苞形花蕊。

5 每层花瓣长短一致，排列整齐。

操作要点

若没有花托也可以直接在蛋糕面上挤出奶油底托，再进行制作。制作手法与在花托上制作相同。

花边制作

1 取一个抹好的圆面蛋糕坯，用直花嘴以绕的手法在蛋糕的底部制作两层绕弧，制作时注意花嘴平面与蛋糕坯侧面之间的角度为45°，两层之间要保持一定的距离。

2 在绕弧上用圆形锯齿花嘴以拉的手法做"如意"形拉弧，要求两道弧要紧贴在一起，不能留有空隙，否则会显得不够细腻。

大杯水仙

花语：高洁、吉祥。

用途：适合装饰送朋友的生日蛋糕、
　　　　春节蛋糕、喜庆蛋糕。

花嘴：12号中直嘴+2号花嘴。

▌花卉制作

1　将12号中直嘴的1/2贴于花托圆端外侧，垂直或向内倾斜30°~40°，左手转动花托，右手前后或者直绕挤出一圈杯状花瓣，注意左右手配合要协调。

2　给花瓣喷上颜色，也可先调好奶油再进行制作。

3　换成2号花嘴，将花嘴的尖平面朝上，花嘴向上倾斜40°，在第一圈花瓣的根部直拔出一圈花瓣。花瓣应大小长短一致，一圈为7片。

4　将橙色奶油装入细裱袋，在花托圆端内的深处挤出多根细花蕊。

5　杯形花瓣应有向内包的感觉，杯口要小而圆，花瓣长短一致。

花边制作

1 取一个抹好的直角蛋糕坯，用圆形锯齿花嘴以挤的手法，制作云状花边，注意制作云状花边时花嘴应位于蛋糕侧面与底盘夹角的中心位置，挤时花嘴不要紧贴于面，要略微离开一点，这样制作出的花纹才够饱满，并且要求每个纹路要有粗细变化，给人一种运动的感觉。

2 在蛋糕侧面用扁形锯齿花嘴以变形的绳编手法制作一圈花纹，位置在蛋糕侧面的中心线上下。此花边和绳编很相似，只不过密度变大了很多，也可以用正反弧连贯的方法制作，最重要的是注意每条纹路的首尾位置是在一个点上。

3 最后在蛋糕顶部离蛋糕边缘1.5厘米处，用绳编的手法制作一个圆圈，然后在边缘的空白处点上黄色果膏。制作时注意：点要有大小和疏密变化，不要做成一样大小，没有变化会显得比较呆板。

番红花

花语： 快乐、深深的祝福。

用途： 适用于装饰生日蛋糕。

花嘴： 16号花嘴。

花卉制作

1 将花嘴垂直贴于花托圆端外，直绕挤出一片。

2 在圆端外直绕挤出三片一样大小的花瓣作为第一层。

3 将花嘴放在两片外侧交错处，垂直挤出第二层，略高于第一层。

4 将花嘴放在第二层花瓣外侧交错处，花嘴微向外倾斜10°，挤出略高于第二层的第三层。

5 将黄色奶油装入细裱袋，拔挤出多根花蕊。整体花形圆润饱满，每层均为三片。

花边制作

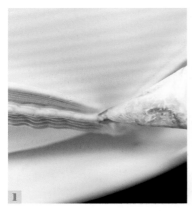 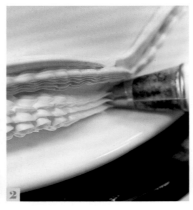 

1. 取一个圆形蛋糕坯，用扁形锯齿花嘴在蛋糕底部以反拉弧的手法做完第一道边后，用同一花嘴贴着反拉弧以抖的手法做反抖弧，以一个8寸蛋糕为例，一圈做6~8个弧长为宜。

2. 在两道反弧底下的空白处，以圆形锯齿花嘴用抖的手法做毛毛虫进行装饰，因为用反拉弧的手法后底下必然产生大的空白，只有用毛毛虫花边才可以遮盖。注意，不论做反拉弧还是毛毛虫，花嘴应该放在蛋糕中心线偏左处为宜，这样制作出来的花纹才会纹路清晰。

3. 在每个花纹的接口处挤两只简单的天鹅做主体衬托，天鹅的两个脖子细长，且恰好组成一个心形，尾部采用挤拔的手法，天鹅身体略扁一些。

4. 最后在蛋糕顶部以圆形锯齿花嘴做拉弧的花边，要求顶面留的空间要足够大，以便蛋糕主体的制作。

操作要点

花边使用的动物、花卉、人物等都要简洁抽象，不可以过于细节化，否则会导致蛋糕主体不突出。

荷包花

花语： 财源滚滚、恭喜发财。

用途： 适用于装饰开业庆典蛋糕和春节
蛋糕。

花嘴： 16号花嘴。

▌花卉制作

1 将花嘴的1/2贴于花托圆端外侧，左手不断转
动，右手不断以直绕手法挤出奶油。左手转动
花托的速度慢一些，右手挤奶油速度快一些。

2 直挤绕至花托圆的3/4处，即为一瓣。

3 在花托圆的另外1/4处，直挤两个小花瓣。

4 在花瓣上喷上颜色，也可以直接在奶油上调
色后制作。

5 在两个小花瓣内侧的根部挤两个细小的花蕊。

6 整体花形要向外开放，两个小花瓣大小一致。

1 取一个抹好的直角蛋糕坯，用圆形锯齿花嘴以吊的手法在蛋糕侧面制作一圈吊边。制作时要注意吊边的上边缘距蛋糕坯上边缘0.5厘米，吊边的底部在蛋糕侧面1/2偏下的地方。

2 用圆形锯齿花嘴在蛋糕顶部以编的手法制作一圈形绳编花纹，花纹与蛋糕边缘保持1.5厘米的距离。所有的编的花纹都要注意接头部分的处理，不要有太过明显的接头，每段短线起点都要插进前段奶油下，慢慢由细到粗拉出才好。

3 用圆形锯齿花嘴在蛋糕坯的底部，用挤的手法装饰一圈花边。

4 最后在蛋糕边缘部分挤上迷宫图案即可。

操作要点

在用"步骤3"的手法做花边时，蛋糕顶部使用时挤的花纹略小一些，而在蛋糕底部时花纹可以略大些，花纹的大小由挤奶油的力度决定，无须做花嘴上翘动作。

喇叭花

花语：幸福的喜悦。

用途：适用于装饰生日蛋糕、乔迁
之喜蛋糕。

花嘴：16号花嘴。

花卉制作

1 将花嘴的1/2处紧贴在花托的圆端外侧，连续直绕六个弧作为一圈花瓣。

2 在一圈结束时，停止挤奶油，花嘴向上提进行收尾。

3 给花瓣上色时，注意要喷在每个弧度的凹线位置。

4 将黄色奶油装入细裱袋，挤
出花蕊，作为装饰。要求整
体花形圆润、弧度大小一
致，收尾时自然连成一体。

嘉宝菊

花语：神秘、漂亮。

用途：适合用于装饰送朋友和长辈的
蛋糕。

花嘴：23号花嘴（菊花嘴）。

花卉制作

1 在花托内挤满奶油。

2 花嘴弯面向上，在圆面半径处将花嘴垂直，直拔一圈，作为第一层花瓣。

3 将花嘴保持90°，沿着第一层外侧直拔一圈，作为第二层，但不可交错拔。

4 将花嘴微向外倾斜10°，在第二层外的交错处直拔出第三层，花瓣要长于第二层。

5 将花嘴向外倾斜20°~30°，在第三层的交错处拔出第四层，花瓣要略长于第三层。

6 将花嘴放在第四层外交错处向外倾斜30°~40°，在第四层根部拔出第五层，花瓣略长于第
四层。

7 最后在花的中心用黑色巧克力软膏点缀出花蕊即可。

菊花

花语：清净、高洁、长寿、吉祥、健
　　　康、真情。

用途：适合与粉色、紫色、红色一同装
　　　饰，适用于长辈的生日蛋糕。

花嘴：23号花嘴（菊花嘴）。

▎花卉制作

1 在花托圆端内，将花嘴微向内倾斜，拔一层包蕊。

2 沿着第一层的根部外，向内拔一层花瓣，花瓣要略长于第一层，作为第二层包蕊。

3 沿着第二层花瓣的根部，交错向内弯拔出长于第二层的花瓣，作为第三层。

4 将花嘴渐渐垂直，直拔出第四层、第五层花瓣，花瓣须短于前几层花瓣。

5 花嘴渐渐向下，沿着开放方向变化花嘴角度，慢慢向外打开直拔制作出比前一层矮的花瓣。整体花形要圆润饱满，花瓣排列整齐，花蕊有凹感。

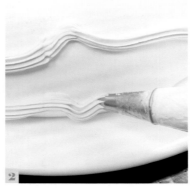

1 取一个抹好的圆形蛋糕坯，用圆形锯齿花嘴在蛋糕坯侧面，以拉的手法做大括号形花纹，长度以8寸面5个弧为宜。制作时要注意弧形的对称性，尖部的两侧弧长要一样，并且尖部的位置在蛋糕侧面中心线之上。

2 在拉完上面的大括号形花纹后，用同样的方式在每个弧的对面做大括号形花纹与之对应，形成中空的花边纹路。

3 用三角纸包奶油，在花纹中的空白处挤丝进行装饰，注意丝不要过粗，挤丝应先挤边缘部分再挤中心位置。

4 最后在每个纹路的接口处，用圆形花嘴挤寿桃状装饰，然后在每个桃的尖部喷点粉色即可。

老菊

花语：充满青春活力，永远年轻。

用途：适合送朋友和长辈的生日蛋糕。

花嘴：23号花嘴（菊花嘴）。

花卉制作

1. 在花托圆端内挤一层奶油。

2. 将樱桃放在花托中间作为圆球花蕊，或者用奶油挤一圆球。

3. 在圆球下直拔一圈作为第一层花瓣。

4. 在第一层花瓣外侧的交错处，直拔一圈花瓣作为第二层，长度等于第一层即可。

5. 用黄色奶油在樱桃上直拔出水滴状作为装饰。整体花形圆润，花蕊整齐，密度统一，两层花瓣长短一致。

花边制作

1 取一个抹好的圆形蛋糕坯，用最大号扁形锯齿花嘴在蛋糕的侧面做一条条竖形花纹，每个
条纹之间距离在2~3厘米，长度到弧口的上转折点位置即可，不要太长，否则蛋糕顶部面
积会过小，显得不够大气。

2 在蛋糕坯底部用同样的大扁形花嘴以挤的手法制作一圈花边做装饰。

3 在短线的上部，也用大的扁形锯齿花嘴，以拉的手法制作一道反拉弧，制作时要注意拉弧
长度不要过大，正好盖住一个短线条的尾部长度即可，要求弧形流畅自然，不要出现断裂。

多层鲜奶油蛋糕组装

组合方式1

1 先将方形面抹好，在蛋糕侧面用带齿刮板刮上齿纹，在蛋糕底侧挤上黑色果膏。

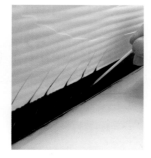

2 用刮片将黑色果膏刮平，并用牙签在蛋糕侧面划出纹路。

3 同上，在第二层蛋糕的底边抹上黄色果膏，挤上逗形边。

4 将制作好的向日葵夹至蛋糕上。

5 在向日葵边上插上事先做好的巧克力片。

6 在每层蛋糕的拐角处放上水果，并将巧克力片贴至蛋糕侧面即可。

1 先用抹刀将蛋糕收成
直面。

2 在蛋糕顶部边缘至底
部挤上黄色果膏，并
用刮片刮平整。

3 将制作好的4层蛋糕叠
在一起，蛋糕面的颜
色交错放置。

4 在蛋糕的底边用圆嘴
挤上一圈圆球。

5 将制作好的花夹至蛋
糕侧面。

6 将制作好的巧克力片
贴在蛋糕侧面即可。

第二节

豆沙花卉制作与组装

毛茛

花嘴： 中号直花嘴。

用途： 适合一般花卉制作。

材料

白豆沙	800克
白油/黄油	200克
白色素	适量
色膏	适量

材料说明

豆沙可以直接选择市售的裱花专用
白豆沙。

准备

1　将豆沙和白油放进打蛋桶中，搅打均匀，加入白色素，继续搅打均匀即可（若成品太软的话，可以加点豆沙调和）。

2　调色：在小碗中装少许打好的豆沙，用牙签取少许色膏，进行混合调色，调完后装入裱花袋中。

制作过程

1 在花钉上，用细裱挤出一个小圆球即可。

2 用中号直花嘴，先垂直再倾斜150°，挤出小花瓣，第二瓣在第一瓣的1/2处开始绕出，角度一直保持一致。

3 花瓣越向外，绕的越长越高，花芯要凹在内侧。

4 以同样的手法向上包。

5 花形大小差不多时，花瓣慢慢往下降，花嘴的角度渐渐变成垂直。

6 收尾时，花嘴完全垂直，一瓣一瓣绕出花瓣，直至花形变圆即可。

毛茛展示

制作方法同上。

190 蛋糕裱花基础（第三版）（上册）

芍药花

花嘴： 弯花嘴。

用途： 适合一般花卉蛋糕的制作
与组装。

材料

白豆沙	800克
白油/黄油	200克
白色素	适量
色膏	适量

材料说明

豆沙可以直接选择市售的裱花专用
白豆沙。

准备

1 将豆沙和白油放进打蛋桶
中，搅打均匀，加入白色
素，继续搅打均匀即可（若
成品太软，可以加点豆沙
调和）。

2 调色：在小碗中装少许打好
的豆沙，用牙签取少许色
膏，混合调色，调完后装入
裱花袋中。

制作过程

1 将花嘴垂直于花钉，在上面挤推出花朵的支撑。

2 再将花嘴轻贴于花托顶部两点钟位置，反包绕挤出花
瓣，一瓣挨着一瓣包紧花芯。

3 制作第二层时，花瓣略大于第一层包花芯的花瓣；不交
错绕挤；花瓣略高于第一层，并且略包于第一层。

4 第三层开始，花嘴垂直，每多一层，角度都比上一层增
加10°，花瓣大小与第二层一致（因此随着层数的增加，
每层花瓣交错并且数量递增）。花瓣高度随着花的层数增
加，慢慢降低，约七层。

5 用牙签在每个花瓣上轻挑，带出纹路即可。

芍药花
展示一

制作方法
同上。

芍药花
展示二

制作方法
同上。

英式玫瑰花

花嘴：直花嘴。

用途：适合一般花卉蛋糕的组装
与制作，较适合做小型花。

材料

白豆沙	800克
白油/黄油	200克
白色素	适量
色膏	适量

材料说明

豆沙可以直接选择市售的裱花专用
白豆沙。

准备

1 将豆沙和白油放进打蛋桶
中，搅打均匀，加入白色
素，继续搅打均匀即可（若
成品太软，可以加点豆沙
调和）。

2 调色：在小碗中装少许打好
的豆沙，用牙签取少许色
膏，进行混合调色，调完后
装入裱花袋中。

制作过程

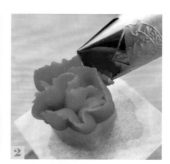

1 将花嘴垂直在花钉上挤出一个底座，作为花托。

2 将花嘴在花托顶部垂直放置，用边抖边挤的方式挤出花
芯部分。

3 在花芯外围，将花嘴放在两点钟位置，反向绕挤出花瓣。

4 外围花瓣交错挤出2~3层。每层花瓣打开角度依次轻微
增大。

大丽花

花嘴：U 形花嘴。

用途：适合一般花卉蛋糕的制作
　　　与组装。

材料

白豆沙	800克
白油/黄油	200克
白色素	适量
色膏	适量

材料说明

豆沙可以直接选择市售的裱花专用
白豆沙。

准备

1 将豆沙和白油放进打蛋桶
中，搅打均匀，加入白色
素，继续搅打均匀即可（若
成品太软，可以加点豆沙
调和）。

2 调色：在小碗中装少许打好
的豆沙，用牙签取少许色
膏，进行混合调色，调完后
装入裱花袋中。

制作过程

1 将花嘴垂直在花钉（花钉表面黏有油纸）上，挤出一个
花托。

2 再将花嘴轻贴在花托顶部，直拔包紧花芯。

3 不交错挤出花瓣2~3层，花瓣高度与花芯相同，每层角
度依次增加10°，除包花芯的花瓣外，用手指轻捏每个花
瓣末端，使花瓣尾稍带尖、卷曲。

4 第四层开始交错挤，每挤一层花瓣打开角度增加10°，挤
大约七层即可。

金仗球

花嘴：圆花嘴或者不使用花嘴。

用途：适合一般花卉蛋糕的制作
　　　与组装。

材料

白豆沙	800克
白油/黄油	200克
白色素	适量
色膏	适量

材料说明

豆沙可以直接选择市售的裱花专用
白豆沙。

准备

1 将豆沙和白油放进打蛋桶
中，搅打均匀，加入白色
素，继续搅打均匀即可（若
成品太软，可以加点豆沙
调和）。

2 调色：在小碗中装少许打好
的豆沙，用牙签取少许色
膏，进行混合调色，调完后
装入裱花袋中。

制作过程

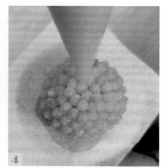

1 在花钉上挤上一个圆球，高度2厘米即可。

2 用黄色的豆沙细裱在圆球的底部一圈挤上小球，一个挨
着一个，需紧密，不要有空隙。

3 第一圈挤完，依次向上挤出第二圈、第三圈。

4 一直挤到圆球的中心点即可，整个球体不要有空隙。

猫儿菊

花嘴：圆花嘴或者不需花嘴。

用途：适合一般花卉蛋糕的制作
与组装。

材料

白豆沙	800克
白油/黄油	200克
白色素	适量
色膏	适量

材料说明

豆沙可以直接选择市售的裱花专用
白豆沙。

准备

1. 将豆沙和白油放进打蛋桶
中，搅打均匀，加入白色
素，继续搅打均匀即可（若
成品太软，可以加点豆沙
调和）。

2. 调色：在小碗中装少许打好
的豆沙，用牙签取少许色
膏，进行混合调色，调完后
装入裱花袋中。

制作过程

1. 在花钉上挤上一个小圆球，用黄色细裱倾斜40°在圆球的
底部拔一圈毛刺。

2. 第一圈拔完以后，依次向上拔出第二圈、第三圈等，细
裱的角度依次变大10°。

3. 在圆球上端1/3处，用橙色细裱再接着拔出毛刺。

4. 橙色细裱依次拔至圆球的中心处即可，到顶部时，细裱
的角度为80°左右。

圣诞花

花嘴：直花嘴（支撑），叶形嘴
（花瓣）。

用途：适合一般花卉蛋糕的制作
与组装。

材料

白豆沙	800克
白油/黄油	200克
白色素	适量
色膏	适量

材料说明

豆沙可以直接选择市售的裱花专用
白豆沙。

准备

1 将豆沙和白油放进打蛋桶
   中，搅打均匀，加入白色素，
   继续搅打均匀即可（若成品
   太软，可以加点豆沙调和）。

2 调色：在小碗中装少许打好
   的豆沙，用牙签取少许色
   膏，进行混合调色，调完后
   装入裱花袋中。

✿ 小贴士 NOTE

花芯部分的颜色和形状可根据
所需进行变化，如大图所示。

▌制作过程

1 在花钉上，用直花嘴挤出一至两圈底座。

2 将叶子嘴双齿向上，花嘴倾斜45°向上抖拔出叶片，一瓣
  挨着一瓣的挤出花瓣。

3 以同样的手法拔出一圈。

4 将花嘴倾斜60°，交错拔出第二层花瓣，第二层花瓣比第
  一层花瓣微短一些。

5 用绿色细裱在花的中间拔出一圈花芯。

6 用黄色细裱在绿色花芯的中间挤出三个小球。

向日葵

花嘴：叶形嘴。

用途：适合一般花卉蛋糕的组装
与制作。

材料

白豆沙	800克
白油/黄油	200克
白色素	适量
色膏	适量

材料说明

豆沙可以直接选择市售的裱花专用
白豆沙。

准备

1 将豆沙和白油放进打蛋桶
中，搅打均匀，加入白色
素，继续搅打均匀即可（若
成品太软，可以加点豆沙
调和）。

2 调色：在小碗中装少许打好
的豆沙，用牙签取少许色
膏，进行混合调色，调完后
装入裱花袋中。

✿ 小贴士 NOTE

花芯部分的形状可根据所需进
行变换，如大图所示。

制作过程

1 在花钉上用直花嘴挤出一至两圈豆沙，作为底座支撑。

2 将叶子嘴的双齿向上，花嘴倾斜45°向上拔出花瓣，一瓣
挨着一瓣挤出最外围一圈。

3 将花嘴再倾斜60°，交错拔出第二层（内圈）花瓣，两层
花瓣长短一致。

4 用咖啡色细裱在花的中间拔出花芯，从外向内拔。

5 花芯一直拔至中心点即可。

第三节

✻

蛋白膏花卉制作与组装

报春花

花嘴：惠尔通104号花嘴。

用途：适合蛋白膏花卉蛋糕的一般组装与装饰。

准备：

1 将中性蛋白膏调出花瓣的颜色，装入带有104号花嘴的裱花袋中，容量控制在裱花袋体积的一半以下。

2 将小部分中性蛋白膏调成橙色（花芯的颜色），装入带有14号花嘴的裱花袋中。

3 用一点蛋白膏将方形油纸片粘在花钉上。

制作过程

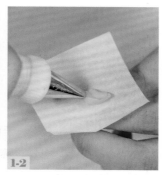

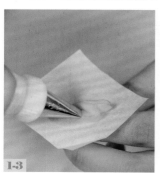

1 将装有104号花嘴的裱花袋放在三点钟方向，与裱花钉呈45°，裱花嘴的宽头轻轻和裱花钉中心接触，薄口朝外，和花钉表面距离1/4英寸（6.5毫米左右）。用稳定均衡的力度挤出花形，在转动裱花钉的同时用"弯曲、向下、弯曲"的手法移动，使得花钉的旋转形成第一个心形花瓣，随后停止用力并移开裱花嘴。

2 将裱花嘴宽头轻轻接触花钉中心，薄头稍微向上，在花瓣的旁边，以相同的手法挤出剩下的4个花瓣。最后一个花瓣的收尾应该在花钉的中心处，完成的花朵应该近似整个花钉顶面大小。

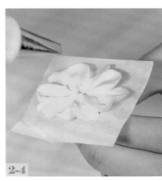

3 将装有14号花芯颜色的蛋白膏垂直提起，裱花嘴在花瓣中心一点点。在花的中间挤出一个黄色星星。使用花瓣颜色的蛋白膏，在花芯上挤上一个点即可。

三色堇

花嘴：惠尔通104号花嘴。

用途：适合蛋白膏花卉蛋糕的装饰与组装。

准备：

1 将中性蛋白膏调成两种花瓣的颜色，紫色和柠檬黄。

2 将两种颜色的蛋白膏分别装入带有104号花嘴的裱花袋中。

3 将柠檬黄蛋白膏装入带有1号花嘴的裱花袋中，用于花芯制作。

4 在裱花钉上粘上少许蛋白膏，将正方形油纸粘贴在裱花钉上。

制作过程

1-1　1-2　2-1　2-2

1 将装有柠檬黄蛋白膏的裱花袋拿起，放在三点钟方向，使裱花嘴提起45°，裱花嘴的宽头轻轻和花钉中心接触，薄头朝外，与花钉表面距离1/4英寸（6.5毫米左右），开始挤蛋白膏，一边挤一边将裱花嘴移至花钉边缘，同时花钉旋转移动1/4圈，移至花钉中心时减少用力，花钉的移动形成第一片花瓣，停止用力后移开裱花嘴。

3-1　3-2　3-3

2 在第一片花瓣边上以同样的手法挤出第二片花瓣。

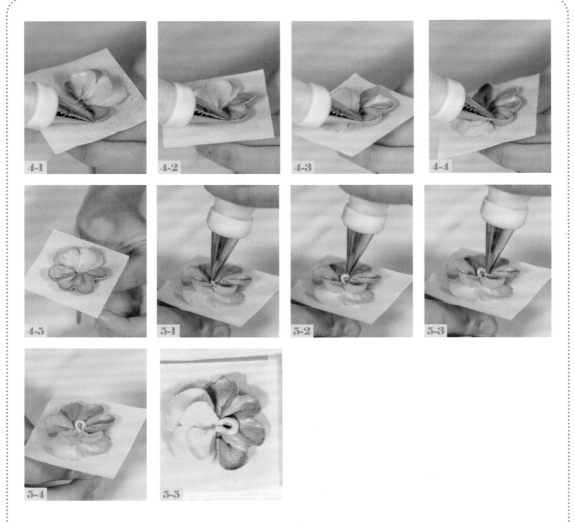

3 将裱花袋还是放在花钉三点钟方向，提起45°，裱花嘴宽头轻轻接触底部花瓣的中心，轻轻移动花嘴薄头，从第一层花瓣顶部挤出小花瓣，重复挤出第二朵小花瓣。

4 取装有紫色蛋白膏的裱花袋，将花钉旋转180°，将花嘴放在三点钟方向，并提起45°角，裱花嘴宽头和花钉中心轻轻接触，裱花嘴薄头向外，距离花钉表面1/4英寸（6.5毫米左右）。挤出一个长花瓣，且宽度等于之前两朵花瓣的宽度之和，挤的同时手轻轻地来回抖动，形成褶皱的效果。

5 将装有1号花嘴的黄色蛋白膏裱花袋在花钉中心处垂直提起，在底部单片的花瓣上挤出一个圆形圈。

东方罂粟

花嘴：惠尔通104号花嘴，8号花嘴。

用途：适合蛋白膏花卉蛋糕的一般装饰与组装。

准备：

1 将中性蛋白膏调出花瓣的颜色，装入带有 104号花嘴的裱花袋中，容量控制在裱花袋 体积的一半以下。

2 将小部分中性蛋白膏调成黄色（花芯的颜 色），装入带有8号花嘴（或者不使用花嘴） 的裱花袋中。

3 准备少量黑色蛋白膏，装入细裱中。

4 用一点蛋白膏将方形油纸片粘在花钉上。

制作过程

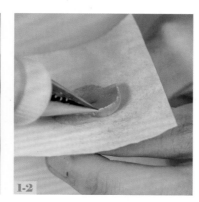

1 将装有104号花嘴的裱花袋在花钉三点钟方向抬起45°，花嘴的宽头轻 轻接触花钉的中心，薄头稍微向上抬起，用持续稳定的力度稍微移动 一点，将裱花嘴从中心部分移动1/4英寸（6.5毫米左右），同时裱花钉 旋转1/4圈。确保挤的时候也在旋转花钉，以花钉的移动形成花瓣。

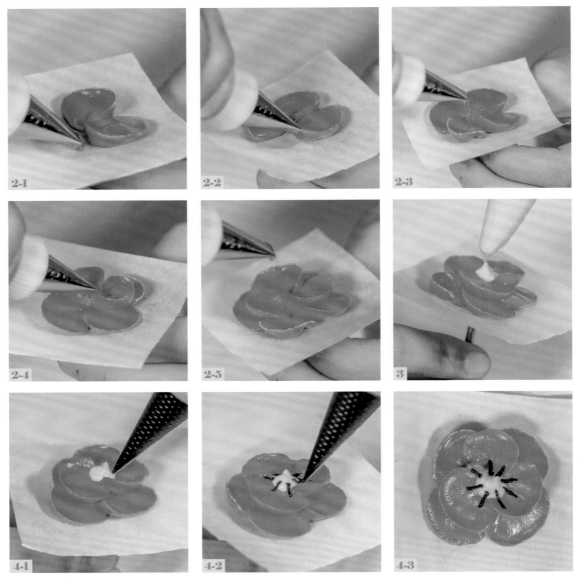

2　同样的手法重复挤出三个花瓣。随后挤第二排花瓣，将裱花袋提起45°，开头朝下，薄头朝上，向上提高一点，大致在11点钟位置。用稳定的力度挤裱花袋，转动裱花嘴，使宽头朝下，将裱花钉旋转1/3圈的同时，在底部花瓣的上面挤一个顶部花瓣，重复挤出三朵花瓣，顶部的花瓣与花瓣之间稍微重叠。

3　使用装有8号花嘴（或者不使用花嘴）的黄色蛋白膏，在花的中间，垂直挤出一个和裱花嘴开口差不多大的小球。

4　使用黑色蛋白膏，在黄色花芯上面拉出一簇花蕊即可。

雏菊

制作过程

1 将装有104号花嘴的裱花袋在花钉三点钟方向提起45°角，裱花嘴的宽头和花钉表面中心处距离约1/4英寸（6.5毫米左右），薄头朝外，稍微向上。

2 从花钉外围的任何一个点开始挤，将裱花嘴移至花钉中心，停止用力，移开裱花嘴。

3 重复挤出12个（或者以上）花瓣。

4 将装有5号花嘴和黄色蛋白膏的裱花袋垂直于花的中心，花嘴稍微在花上面一点，挤出一个圆点即可。

旋转玫瑰

▎制作过程

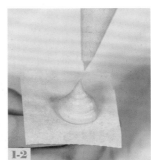

1 在花钉上先挤一个底托，并拔出尖，做成花芯。

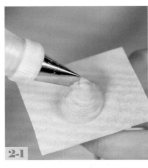
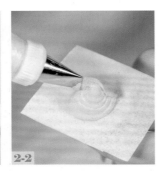

2 紧贴花芯，将花嘴向上挤出第一片花瓣，在第一片花瓣的一半位置向上去挤第二片花瓣。

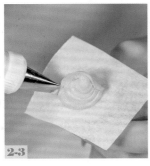

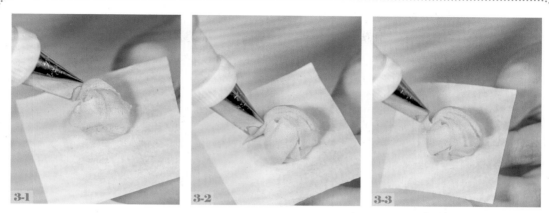

3 在第二片花瓣的一半位置向上挤出第三片花瓣，在第三片花瓣的位置，花嘴角度慢慢放低挤出第四
   片花瓣。

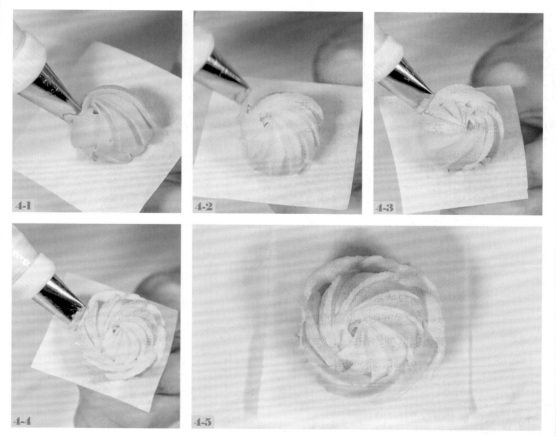

4 在第四片花瓣位置底边上，先将花嘴几乎放平、再慢慢直起、再放平挤出第五片花瓣。以同样的方
   式将整朵花挤圆。

牵牛花

花嘴：惠尔通104号花嘴。

用途：适合蛋白膏花卉的一般制作与组装。

准备：

1 裁剪出正方形锡纸，放置百合花钉组，使用凸出的百合花钉将锡纸压在凹的百合花钉中，并包裹花钉。

2 将蛋白膏装入带有104号直花嘴的裱花袋中，容量在一半以下。

3 用市售翻糖花蕊修剪出几根彩色花蕊。

制作过程

1 取出包好的锡纸百合花钉组，将104号花嘴在花钉中间呈45°，放在3点钟方向，长尖头朝下放在花钉内部。

2 旋转花钉，围绕花钉内弧，在内部挤一圈白色蛋白膏。

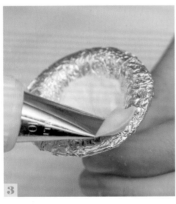

3 取装有104号花嘴的黄色蛋白膏，裱花嘴长尖头朝下，底部低于白色蛋白膏的最高处，与侧面形成45°夹角，放于3点钟方向。

4 花钉与裱花嘴配合旋转，在花钉边缘处挤出花瓣，依托花钉形状，形成上下的自然弧度。

5 依次做出五片花瓣。

6 使用毛笔在黄色和白色蛋白膏接口处轻轻描摹，使接口处过渡
自然。

7 使用装有小号圆花嘴的白色
蛋白膏，从底部中心处向每
片花瓣的中心处"画直线"，
依托花钉形状，形成自然
弧度。

8 取下锡纸，自然晾干即可。

紫罗兰

花嘴：惠尔通59S号花嘴，1号圆花嘴。

用途：适合蛋白膏花卉蛋糕的一般装饰与组装。

准备：

1. 将中性蛋白膏调出花瓣的颜色，装入带有59S号花嘴的裱花袋中，容量在一半以下。

2. 将蛋白膏调成橙色，装入带有1号圆形裱花嘴的裱花袋中，用来制作花芯。

3. 在裱花钉上粘上少许蛋白膏，将正方形油纸粘贴在裱花钉上。

制作过程

 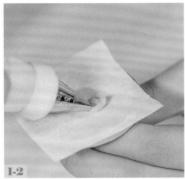 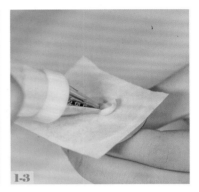

1 将59S号花嘴在3点钟方向提起45°，裱花嘴宽头轻轻接触花钉中心，薄头朝外，距离花钉表面1/8英寸（3毫米左右），轻轻挤蛋白膏，一边转动花钉不到1/4圈，一边缓缓向外移动裱花嘴，然后回到中心，挤出一个1/4英寸（6.5毫米左右）长的花瓣。减小用力，将裱花嘴移至起点，花钉旋转形成一片花瓣。

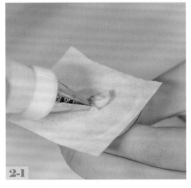  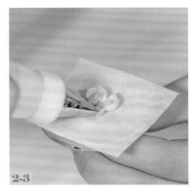

2 将花嘴宽头接触裱花钉，薄头微微朝上，放置在上一片花瓣旁边，以相同的手法挤出第二片花瓣。

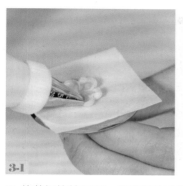 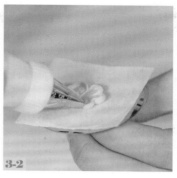 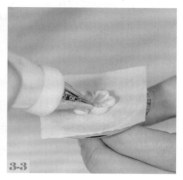

3 将花钉旋转180°，在花钉空余地方，使用59S号花嘴挤出三片细长的花瓣。

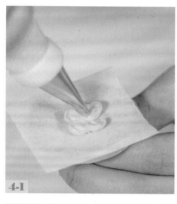 

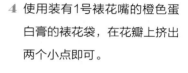

4 使用装有1号裱花嘴的橙色蛋白膏的裱花袋，在花瓣上挤出两个小点即可。

矢车菊

制作过程

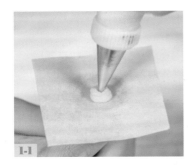

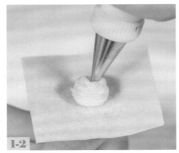

1 使用5号花嘴，垂直于裱花钉的中心，挤出花的基底部分，挤至花嘴离表面1/4英寸（6.5毫米左右），挤出直径大约1/2英寸（1.3厘米左右）的点，停止挤，将花嘴上抬，拿至基底表面边缘，然后转圈，轻轻拔出，将小点消除。

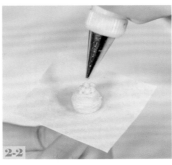

2 使用1号花嘴在基底的正中间位置，垂直90°挤出一簇点，作为花芯。

3 使用16号花嘴，从花芯周围开始，由上至下一层层地裱挤星星，将基底挤满即可。

苹果花

花嘴：惠尔通101号花嘴。

用途：适合蛋白膏花卉蛋糕的一般装饰与组装。

准备：

1 将中性蛋白膏调出花瓣的颜色，装入带有101号花嘴的裱花袋中，容量控制在体积的一半或者一半以下。

2 将蛋白膏调成橙色，装入带有1号花嘴的裱花袋中，用来制作花芯。

制作过程

1-1

1-2

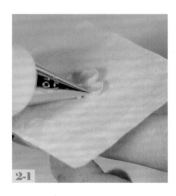

2-1

2-2

1 在裱花钉上粘上少许蛋白膏，将正方形油纸粘贴在裱花钉上。将101号花嘴在裱花钉3点钟方向提起45°，裱花嘴的宽头轻轻接触花钉中间，花嘴薄头朝上，在花钉以上1/8英寸（3毫米左右），用稳定的力度挤蛋白膏，将花嘴从中间移出1/8英寸（3毫米左右），同时裱花钉旋转1/5圈，减小用力，将花嘴移至花钉中间，花钉移动形成一片花瓣。

2-3

2-4

2 将花嘴宽头轻轻碰触花钉中间，薄头朝上，在前第一片花瓣旁边，用相同的手法挤出剩下的花瓣。

3-1

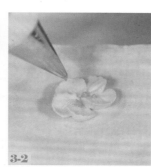

3-2

3 将1号花嘴的蛋白膏垂直于花的中间，轻轻接触花瓣，挤出五个小点，其中一个点在中间，另外四个点围绕中间这个点。

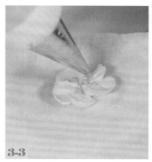

3-3

3-4

百合花

花嘴：惠尔通352号花嘴。

用途：适合蛋白膏花卉蛋糕的一般装饰与组装。

准备：

1　裁剪出正方形锡纸，放置百合花钉组，使用凸出的百合花钉将锡纸压在凹的百合花钉中，并包裹花钉。

2　将蛋白膏调成花瓣所需的颜色，装入带有352号花嘴的裱花袋中，容量在一半或一半以下。

3　将市售翻糖花蕊修剪出几根，作为百合花雄蕊。

制作过程

1-1

1-2

1-3

1-4

1-5

1　取出包好的锡纸百合花花钉组。将352裱花嘴与平面成45°角拿在三点钟方向，将裱花嘴放在花钉的杯子里，轻轻接触花钉表面，花嘴尖端垂直于一条线上，用力挤压把花瓣往上拉，拉过锡纸杯边缘，至花瓣的末端时，减小力度，带出花瓣的尖。

2 在第一瓣花瓣边上，以相同的手法挤上第二瓣花瓣，两个花瓣形成V字形。重复相同手法，挤出剩下的四片花瓣。

3 将百合花雄蕊剪成合适的长度后，将其插在花朵的中心即可。

蛋白膏花卉花边蛋糕组装

准备：

1. 适量绿色翻糖皮，用于蛋糕外坯的包裹。

2. 镂空花边模板，用于做出蛋糕的花边样式。

3. 可能使用的工具：抹平器、曲柄抹刀、花嘴等。

4. 蛋白膏花卉种类需要事先制作完成。

制作过程

1. 准备两个圆形坯，用绿色翻糖皮包面，并用抹平器抹均匀。

2. 用镂空花边模板贴在上层蛋糕侧面的中间部位，抹一层白色蛋白膏，再用曲柄抹刀抹匀；用毛刷刷均匀，揭去镂空花边模板，纹路出现；用毛刷将边缘刷干净、刷亮。

3 在大蛋糕底部，先用装有花嘴的蛋白霜间隔挤一圈齿轮状奶油；再用白色细裱在间隔中间为点，拉垂落的弧线，一共两层；在间隔中间点旁点缀两个小圆珠。

4 在大蛋糕侧面上部，再贴上另一种镂空花边模板，抹匀、揭开，出现纹路。

5 将小蛋糕放在大蛋糕上，交界点处用白色蛋白膏挤一圈小圆珠；分别在大、小蛋糕顶部边缘挤出花边，用花嘴绕出图形；在大蛋糕侧面中间挤出3个逗号组合图案，上面一个、下面两个，间隔挤出。

6 事先做出蛋白膏花卉，可以包括玫瑰、小毛茛花、牙签玫瑰、六角花、五瓣花等，有规律地摆放组装；用绑花胶带将一些大花、小花、花枝绑在一起作为整的花卉造型。

7 在大蛋糕上方与小蛋糕周围旁边选一个点，用花嘴挤出数朵玫瑰花与叶子，并呈斜线缠绕。

第四节

✦

奶油霜花卉制作与组装

牡丹

花嘴：直花嘴。

用途：适合一般花卉制作与装饰。

| 制作过程

1 在花钉上挤出支撑，方便后期花瓣花形展开。

2 将花嘴放在已经做好的支撑上，花嘴薄的尖头朝下倾斜45°，以抖动的手法将花瓣抖出扇形。

3 抖的时候一瓣挨着一瓣，第一层抖5~6瓣，最后一瓣花嘴立起成65°，以免碰坏其他花瓣。

4 在制作第二层花瓣时，在底层的基础上，两瓣之间花嘴60°抖动，花瓣稍微小于第一层花瓣，花嘴
  稍向内移动。

5 在做第三层时花嘴角度更要竖直一些，花瓣也变得小一些，位置同样在两瓣之间，最后留出花蕊
  部分。

6 沿着第三层花瓣边缘挤出高低变化的黄色线条花蕊。

7 用绿色奶油霜挤在花蕊中心处。

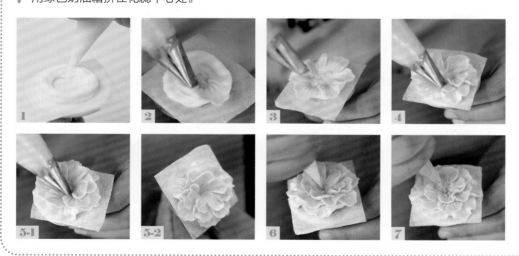

玫瑰

花嘴：直花嘴。

用途：适合一般花卉制作与装饰。

│制作过程

1. 用圆花嘴在花钉上挤出一个小圆锥，作为玫瑰花芯，花嘴在花托尖部下端起步，花嘴向内45°，由上向下，直接绕出弧形，作为玫瑰花第一层第一瓣。

2. 将花嘴放在第一瓣1/2处，花嘴由下往上，直接转出第二瓣。

3. 用同样的方法再绕出第三瓣，至第一瓣的起点收尾，三瓣花为第一层。

4. 将花嘴放于第一层最后一瓣1/2处，呈90°由下往上，再往下绕出第二层第一瓣。

5. 用与第一层一样的手法做出第二层，三瓣为一层。以同样的手法做出第三层，花嘴角度向外倾斜20°~30°。

6. 最后制作出玫瑰花，注意整体花形饱满。

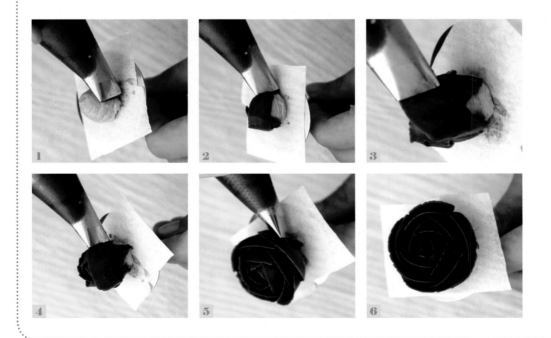

宿根

花嘴：中号直花嘴。

用途：适合一般花卉蛋糕制作，较适合蛋糕贴面装饰。

| 制作过程

1 在花钉上挤上一层奶油霜用作花瓣支撑，固定花瓣，方便下一步操作。

2 将中号直花嘴薄头朝上，放在花托内1/2处，微向上翘起约45°，左手转动花托，右手挤出奶油，花嘴上下浮动，挤出第一瓣花瓣，收尾时，花嘴角度略高于起步的角度。

3 制作第二瓣时，花嘴放于第一瓣的收尾后方位置，注意花瓣的形状要和第一瓣大小一致。以同样的手法做出6～7瓣花瓣。

4 在制作最后一瓣时，花嘴要略微向上抬，接口处要自然。

5 用细裱贴着花瓣中心拔一圈花蕊。

6 再用绿色点三个小球作为花芯。

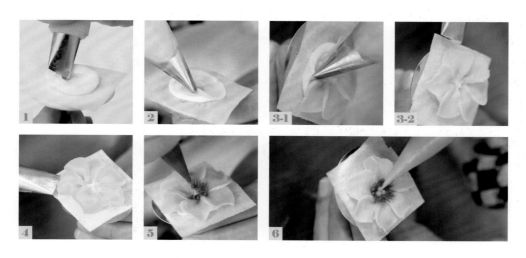

类似花卉延伸——小野花

花嘴：直花嘴。

梅花

花嘴：直花嘴。

用途：适合一般花卉蛋糕的装饰，较适合蛋糕的贴面装饰。

制作过程

1 在花钉上挤一圈奶油霜方便进行下步操作。

2 将花嘴薄头朝上，放在花托圆内1/2处，微向上翘起约45°。左手不断转动花托，右手挤出奶油，花嘴上下小幅度抖动，挤出一瓣扇形花瓣，花瓣收尾时，花嘴角度略高于起步的角度。

3 制作第二瓣花瓣起步时，花嘴要位于第一瓣收尾时的位置。制作第二瓣时注意与第一瓣大小一致。

4 在制作最后一瓣时，花嘴要略微向上抬。

5 做完花瓣后，在中间挤出绿色小圆球点。

6 在中间小圆点上挤出黄色小点，作为花蕊。

梅花花卉延伸

花嘴：直花嘴。

菊花

花嘴：U形花嘴。

用途：适合一般花卉制作与装饰。

制作过程

1 在花钉上挤出一个圆球。

2 将U形花嘴的凹面向内、弧面向外在圆球上垂直拔出第一片花瓣，前三瓣花瓣形成旋转状花蕊，紧贴着花蕊做出第一层花瓣。

3 以同样的方法拔出其他层，每层花瓣的高度相同，交错重叠，且每增加一层，花嘴的倾斜角度向外倾斜增加10°~15°。

4 完成的花朵呈圆形。

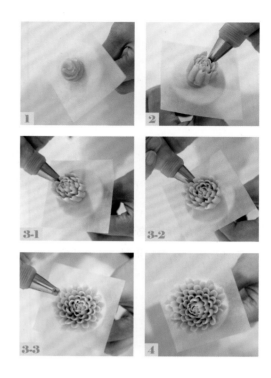

花骨朵

花嘴：小号圆形花嘴。

用途：适合一般花卉制作与装饰。

制作过程

1 在花钉上挤出支撑，方便后期花瓣花形展开。

2 将花嘴倾斜45°放在花朵支撑的底部，挤出圆点。

3 从下往上依次挤出圆点，圆点密集，圆点之间无空隙。

奥斯汀玫瑰

花嘴： 125K或者直花嘴等（花瓣）。

用途： 适用于一般花卉蛋糕制作，较适合浪漫场景。

> ## ▌制作过程
>
> 1 在花钉上挤个圆柱形的底托，方便下一步操作。
>
> 2 用中号直花嘴薄口向上垂直平拉出5～6瓣花芯。
>
> 3 将花嘴垂直放于两瓣花芯之间，左手转动花钉，右手挤出奶油向外拉、并向内收，将每个花芯包住。
>
> 4 花嘴依次重复，将花芯包至3～4层。
>
> 5 将直花嘴倾斜由下向上、再向下绕出弧形作为第一片花瓣；在第一瓣的1/2处以同样的手法绕出第一层花瓣；在制作第二层花瓣时，花嘴放于第一层花瓣的交接处制作。
>
> 6 最后将花形包圆即可。
>
>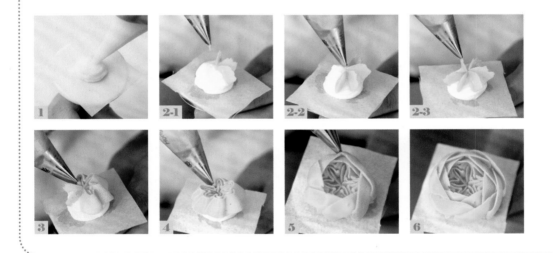

奥斯汀花卉延伸

花嘴：125K花嘴。

茶花展示

花嘴：圆形花嘴+直花嘴类。

番红花展示

花嘴：圆形花嘴+直花嘴类。

顶面花环装饰组装

准备	操作要点
1 一个蛋糕坯，戚风蛋糕坯、海绵蛋糕坯等多种蛋糕坯均可。	**1** 抹坯的基础手法与鲜奶油抹坯类似。
2 根据需求，先用奶油霜裱花挤出各种花卉形状，放于冰箱中冷藏保存。	**2** 奶油霜含有较多白黄油，不宜食用过多，在抹坯时要注意结合蛋糕整体造型尽可能减少奶油霜用量，同时节省成本。

制作过程

1 将戚风坯放于转盘中心处。可以分割蛋糕坯，中间夹心。

2 将奶油霜装入裱花袋中，在蛋糕坯侧面中间部位和表面中心处挤上适量奶油霜。

3 使用抹刀，辅助转动转盘将奶油霜抹平。

4 观察奶油霜面，结合顶面花环设计的思路，需要考虑侧面和顶面中心处的表面奶油霜光洁。

5-1 5-2 5-3

5 在奶油不足露坯的地方补些奶油，并均匀抹平。

6 以"大花、小花、花骨朵"三种花形为区分进行摆放，在蛋糕顶面上先做花卉摆放设计。

7 摆放花朵前，在标记处挤上花托，用剪刀将花卉从油纸上移至蛋糕表面。

8 在花卉缝隙处，摆放出事先做出的各式叶子或挤上小花骨朵。

顶面全覆盖装饰组装

准备	操作要点
1 一个蛋糕坯，戚风蛋糕坯、海绵蛋糕坯等多种蛋糕坯均可。 **2** 根据需求，先用奶油霜裱花挤出各种花卉形状，放于冰箱中冷藏保存。	**1** 抹坯的基础手法与鲜奶油抹坯类似，本次叙述不做重点描述。 **2** 奶油霜含有较多白黄油，不宜食用过多，在抹坯时要注意结合蛋糕整体造型尽可能减少奶油霜用量，同时节省成本。

制作过程

1 将戚风坯放于转盘中心处。可以分割蛋糕坯，中间夹心。

2 将奶油霜装入裱花袋中，在蛋糕坯侧面中间部位和表面中心处挤上适量奶油霜。

3 使用抹刀，辅助转动转盘将奶油霜抹平。

4 观察奶油霜面，结合顶面全覆盖和侧面颜色变化的设计思路，需要考虑侧面装饰与侧面光洁度。

5 用蓝色奶油霜在侧面坯子上挤出一圈奶油霜。

6 将侧面抹光滑。

7 用软刮板或者抹刀轻挑适量白色奶油霜，随意抹在侧面上，抹的时候选择点涂的方式。

8 在顶面上装饰上各式花卉，注意大小与颜色。

9 在空隙处摆放出事先做出各式叶子或者挤上小花骨朵。

油画坯组装

准备

1. 一个蛋糕坯，戚风蛋糕坯、海绵蛋糕坯等多种蛋糕坯均可。
2. 根据需求，先用奶油霜裱花挤出各种花卉形状，放于冰箱中冷藏保存。

操作要点

1. 抹坯的基础手法与鲜奶油抹坯类似，本次叙述不做重点描述。
2. 奶油霜含有较多白黄油，不宜食用过多，在抹坯时要注意结合蛋糕整体造型尽可能减少奶油霜用量，同时节省成本。
3. "油画式"装饰需要在底层奶油霜上再进行色彩涂抹装饰，需要底层奶油霜有一定的厚度。

制作过程

1. 将戚风坯放于转盘中心处。（可以分割蛋糕坯，中间夹心）
2. 将奶油霜装入裱花袋中，在蛋糕坯侧面中间部位和表面中心处挤上适量奶油霜。
3. 使用抹刀，辅助转动转盘将奶油霜抹均匀。
4. 观察奶油霜面，结合顶面环状设计和油画式装饰，选择增加部位增加奶油量。

5. 在侧面和顶面中心处增加奶油。
6. 用抹刀或者软刮片挑取适量各色奶油霜，在侧面和顶面中心处用点涂的方式进行增色。注意中心位置的区域的大小。

7 在顶面上装饰上各式花卉，注意大小与颜色。

7-1

7-2

8 在空隙处摆放出事先做出各式叶子或者挤上小花骨朵。

8-1

8-2

第五节

✠

杯装蛋糕装饰方法

玫瑰

简介：现代玫瑰一般被当作蔷薇属一系列花大艳丽的栽培品种的统称，在历史文化中，古希腊和古罗马常用玫瑰来表征他们的爱神，玫瑰花朵艳丽，象征爱情。

特点：花单朵顶生或者3~6朵簇生，花径6~8厘米，单层或者多层皆有。

花语：爱情。

花嘴：125K或者直花嘴等（花瓣）、125K或者直花嘴（支撑）。

技术要点：花朵底座不要太大，花形饱满，前三层花瓣依次变高，第四层以后依次变矮，每一层花瓣比上一层花瓣要长。

奥斯汀玫瑰

简介： 奥斯汀玫瑰，又称奥斯汀月季，是在现代月季基础上加强了蔷薇基因，由英国人大卫·奥斯汀（David C.H Austin）培育出的月季品种，以"包菜心"和"牡丹型"的形状为主，重瓣（多层），花色非常丰富，在整个生长季可连续开花。

英伦风、浪漫气质，被称为玫瑰中的"优雅绽放的不落贵族""英格兰玫瑰/月季"，著名品种有Juliet（朱丽叶）、Miranda（米兰达）、Patience（温纯）、Charity（切尔提）、Darcey（达西）、Free Spirit（自由精灵）、Kahala（卡哈拉）。

特点： 圆瓣杯型。

花语： 守护的爱（亲情、友情、爱情均可）。

花嘴： 125K或直花嘴等（花瓣）、125K或直花嘴（支撑）。

技术要点： 制作花朵前，需用奶油制作花朵支撑；花朵中心部分需根据玫瑰品种做出抖、拔、直拉等样式，多为弧形花瓣。

月季展示

雏菊

简介：雏菊，又称春菊、太阳菊，是意大利的国花，带有君子的风度与天真的风采。有哈巴内拉系列、绒球系列、罗加洛系列、塔索系列等。

特点：花瓣短小笔直，似未成形的菊花。

花语：天真、和平、希望、纯洁的美、深藏在心底的爱、坚强。

注：在国内，白色和黄色的雏菊花代表哀思，一般用来追悼，不宜装饰在蛋糕上使用。

花嘴：直花嘴（花瓣）、圆花嘴（花芯）。

技术要点：单层花瓣，花瓣大小一致，长度适宜，中心花芯较一般花朵要大一点。

大丽花

简介：大丽花，原产于墨西哥，花样大方、富丽，是墨西哥国花。大丽花花色、花形繁多。

特点：花瓣排列的很整齐，多为菊形、莲形、芍药形等。

花语：大吉大利、长长久久。

花嘴：直花嘴（花瓣）、圆花嘴（支撑）。

技术要点：花嘴的长尖头朝上挤花瓣，每片花瓣的根部奶油要厚一点，花瓣交错，花瓣越向外花瓣越开。

郁金香

简介：郁金香，百合科草本植物，是土耳其、荷兰等国的国花，花朵艳丽，有紫色、白色、粉丝、红色、黄色、黑色、双色等颜色的品种。

特点：花叶3～5枚，呈带状披针形至卵状披针形。

花语：紫色郁金香代表最爱与无尽的爱，白色郁金香代表纯洁的爱情，粉色郁金香代表永远的爱、黄色郁金香代表开朗，红色郁金香代表热爱、喜悦等。

花嘴：弯花嘴（花瓣）、圆花嘴（支撑）。

技术要点：花朵底座支撑做成似圆柱体，花瓣包住支撑。

菊花

简介：菊花是中国名花，是花中四君子（梅兰竹菊）之一，是现代装饰花朵的最常用花卉，品种十分多，有夏菊、秋菊和寒菊（冬菊），花径大小不一，颜色艳丽繁复。

特点：叶片近似椭圆形，呈伞状花序。

花语：一般情况下，春菊为爱情占卜，黄菊意为飞黄腾达，富贵菊意为富贵荣华、繁茂兴盛，冬菊意为别离，白菊寄托哀悼。

花嘴：U形花嘴（大多数）、圆花嘴（支撑）。

技术要点：花瓣交错重叠，长度一致，切勿长短不一。

康乃馨

简介：康乃馨，又名香石竹、狮头石竹，颜色多以白色、粉色、红色、黄色、米红色等为主，有的含有斑纹，有的含有条纹。

特点：花大、重瓣，有的花瓣呈波浪状。

花语：爱、魅力、尊敬。

花嘴：125K花嘴（花瓣）、125K花嘴或者直花嘴（支撑）。

技术要点：花瓣薄，每片花瓣都不宜长，每层花瓣之间有些微交错和重叠。

牡丹花

简介：牡丹，又称富贵花、洛阳花，是中国十大名花之一，牡丹花的品种非常多，颜色众多。

特点：一般花瓣为重瓣（多层）。

花语：富贵吉祥、国色天香、美好幸福。

花嘴：直花嘴（花瓣）、圆花嘴（花蕊）、圆花嘴（支撑）。

技术要点：简易牡丹花制作，花蕊需密集，花形圆润，花瓣边沿有一点向上翘。

芍药　简介：芍药，又称别离草，常见颜色有白色、红色、粉色、紫色、黄色、绿色等，花径较大的花朵花瓣可达上百枚。

特点：芍药花瓣呈倒卵形，花盘呈浅杯状。

花语：美丽动人、惜别之情。

花嘴：弯花嘴（花瓣）、圆花嘴（支撑）。

技术要点：层次较多，中心花蕊低，接近花蕊的花瓣处于花朵最高点，其他外层花瓣依次降低，且花嘴角度越来越大。

五瓣花　简介：五瓣花是一类花朵的总称，常见的有桃花、梨花、杏花、草莓花、梅花、桔梗花等。

花嘴：直花嘴（花瓣）、圆花嘴（花芯）。

技术要点：每片花瓣大小一致，花芯放置合理。

绣球花　简介：绣球花，又称紫阳花、粉团花，花朵有蓝色、白色、紫色、粉红等颜色。

特点：花叶小、紧密，成簇。

花语：希望、忠贞、永恒、美满、团聚。

花嘴：直花嘴（花瓣）、圆花嘴（花芯）、圆花嘴（支撑）。

技术要点：用白色奶油做底部支撑，呈球状；在球状中心处做点状花芯，边缘处做3层小花。

向日葵　简介：向日葵，又称朝阳花，向日葵由根、茎、叶、花、果实五部分共同组成。

特点：花朵边缘呈黄色的舌状花，花朵中央为管状花，呈棕色或者紫色。

花语：沉默的爱、爱慕、忠诚。

花嘴：叶形嘴（花瓣）、圆花嘴（花芯）、圆花嘴（支撑）。

技术要点：花瓣呈两层，一层与二层错开排放；花芯处点状和拔蕊状。

CHAPTER 07

第七章

✦

组装作品
欣赏

1 组合花1

操作难易度：★★

深蓝色与红色为主基调，底层一圈小圆珠和两朵花朵点缀设计有一定的视觉平衡，避免头重脚轻。花朵层次较多，呈圆润杯型，整体偏沉稳，适合赠送长辈或庆祝纪念日。

2 组合花2

操作难易度：★★

非常乖巧的一款蛋糕设计，杯型花朵与波浪外散形花朵相间组合，淡蓝色的花骨朵起一定的缓冲作用，底部用粉色做圈边，整体风格清爽甜蜜，适合女孩子。

3 组合花3

操作难易度：★★

花形种类繁多，色彩也较多，留白较少，深紫色花朵位于中心处可减少杂乱感，适合花形设计展示。

4 组合花4

操作难易度：★★

偏素雅型蛋糕装饰，白色、青绿色、蓝色、深蓝色的搭配设计，有一定的渐变效果。

5 组合花5

操作难易度：★★

以五瓣花为主要花形的蛋糕装饰，随意几点碎花补充设计，有"风吹落花瓣之感"，浪漫、简单。

6 组合花6

操作难易度：★★

顶面整体为半月形装饰，设计优雅。蛋糕体用了渐变色，似海，有沉静深邃之意。适合纪念日使用或赠送女孩子。

7 花束

操作难易度：★★

顶部花形设计最好使用杯型花朵，花形摆放有规律，从侧面看要有立体感，形似花束，坯底要呈"瘦高形"。

8 无言

操作难易度：★★★

顶面装饰有刺绣风格，用白色奶油霜画出花边，用毛刷轻轻刷出晕感。围边与花边设计都较低调，适合赠送母亲或其他女性长辈。

9 万圣节

操作难易度：★★★

因万圣节节日气氛需求，主题色彩偏暗黑色，花瓣有双色，围边线条型也以黑色奶油为主。适合万圣节或搞怪使用。

10 鹅与莲

操作难易度：★★★★

浮雕形奶油装饰，对颜色渐变有很严格的技术要求，用牙签或毛笔在表面作业时，也需时刻注意力度。

11 花石头

操作难易度：★★★

底坯装饰用了油画式设计，顶部花瓣多以不规则花形为主，有凌乱美，花瓣的边沿也一定零碎感，与底坯相对应。

12 精灵

操作难易度：★★★★★

本款蛋糕属于浮雕式蛋糕设计，处理人物细节时需要使用细毛笔，耗时较多，比较繁复，属于高难度奶油霜装饰蛋糕类型。

13 花海

操作难易度：★★

杯型花朵的不同开放程度的组合，有花束的感觉。颜色也较艳丽，花朵组装呈金字塔形，有视觉拉伸的效果，侧面有些许点状装饰，有向下延伸的平衡感，避免过于堆积。

14 弧形花海1

操作难易度：★★★

顶部花形呈弧形设计，会有很优雅的感觉，弧形中心偏上一点为最高的部位，向两边有下延趋势，花瓣的高度也需配合好，变小变低，不要突兀。

15 弧形花海2

操作难易度：★★★

顶部花形呈弧形设计，底色有晕染效果。弧形中心偏上是最高度，向上向下以叶子铺开，延伸感更好，且简便，用小花点缀，补充色彩，也避免高度落差过大产生不适感。

16 弧形花海3

操作难易度：★★★

花朵排列并不是流畅形弧形设计，有些许对称，用色偏金黄色和红色，主体大气，底色沉稳，有晕色油画特点，适合赠送女性朋友或长辈。

17 梦中花

操作难易度：★★

蛋糕底坯使用油画设计，奶油霜色彩粉嫩偏白，抹刀抹制时可略带几笔黄色，增添梦幻感。顶部花卉组装呈半圆形，花朵形状各异，颜色与底色相搭。

18 花开富贵

操作难易度：★★★

蛋糕底坯呈淡灰色，包容性比较强，顶部以花瓣较多的杯型花卉为主，整体呈半圆形排列，用叶子延伸呈半弧形，色彩偏红粉色系，端庄大气。蛋糕底圈有斜对称花卉补充。

19 漫步花中

操作难易度：★★★

底色油画式涂抹，顶部有动物形象，花卉组装呈半弧形，花瓣有双层色，也有与中心动物相称的晕染。侧面的油画感，也有沾起处理，不单单是抹。

20 花谷

操作难易度：★★★

底坯是弧形油画式设计，颜色以青色、青绿色和白色互相晕染，顶部三朵花以三角形式摆放，大气沉稳。

21 花草环

操作难易度：★

比起半弧形和半圆式顶部装饰，环状装饰相对要简单一些，本次制作以绿叶进行大面积处理，小花搭配，两者比例较和谐。绿叶上的红色花骨朵是亮点。

22 花环1

操作难易度：★★

底坯是六面体，底色是墨绿偏黑，包容性很强，也百搭，花卉从边缘处挤出，花形大小和花色各异。

23 花环2

操作难易度：★★

底坯呈六面，底色蓝色，白色晕染处理，羽毛式一刀延伸涂抹，顶部花卉依边缘处挤出，花朵较大，用碎花或小花进行填充。

24 花草丛生

操作难易度：★★

顶部花卉呈全面式铺开，花卉颜色和排位是需要特别注意的，可以先用牙签在底坯表面做一个规划，避免胡乱堆砌。

25 花环3

操作难易度：★

顶部花环式设计是比较简单和安全的花卉组装方法，花形大小皆可，空洞处以绿叶或花骨朵填充。

26 花信

操作难易度：★★

侧面装饰以油画式涂抹，晕染以黄色、红色为主，白色底，顶部花卉也对应底色，粉红浪漫，似语未语。

27 花折

操作难易度：★★★

本款蛋糕对抹坯技术有非常高的要求，中心处花朵花形中度大小，花样素雅，围边十分精致。

28　蓝色花语

操作难易度：★★

顶部花环以弧形装饰，花形单一、高度一致，花卉颜色明度不一样，有渐变效果，有层次感，本款蛋糕对色彩调配有较高要求。

29　秋色

操作难易度：★★

顶部弧形摆放方式，花朵颜色要与底色相搭，花瓣与花朵处理都干净利落，留白比较多，有呼吸感。

30　花篮1

操作难易度：★★★★

基本制作与其他蛋糕是一样的，不过本款蛋糕的主要装饰是集中在侧面，其他包括顶面以扁锯齿做编织，侧面底部装饰以大花为主，上面以小花点缀，侧面有一定的坡度设计，避免顶部过于挤压使下部变形。

31　山坡1

操作难易度：★★★

底坯摆设比较特殊，裸露面积较大，对抹坯技术要求高，花朵样式统一，有规律摆放，红色点缀对色彩有补充效果。

32　山坡2

操作难易度：★★★★

底坯呈半圆形，裸露面积较大，整体对抹坯技术有高要求，花朵形式单一，花色明度有区别，有渐变效果。

33　花篮2

操作难易度：★★★

花篮设计对抹坯技术无要求，侧面以扁锯齿进行全面编织，注意统一性；顶部也是全面覆盖，注意依据花朵大小和颜色进行摆放。

34　湖中花

操作难易度：★★

本款蛋糕对抹坯技术要求高，晕色是亮点和难点，顶部花卉单一、干净，给人纯净之感。一般情况下，底部装饰与顶部呈斜对称或正对称，有平衡视觉的效果。

35　花瓶

操作难易度：★★★★

底坯设计是难点和亮点，需要借助软刮板进行制作，顶部花卉组装呈金字塔，中心处有三角堆支撑物，整体有向上延伸的感觉。

36　花环

操作难易度：★★★

相较与其他花环蛋糕装饰，本款蛋糕的留白非常多，对抹坯技术要高要求，花形单一、干净，花骨朵中有大小和色彩差别。

37　方形花盒

操作难易度：★★★

方形设计比较正式，棱角处理得很分明，花卉没有出边，摆放也错落有致，花卉切割得干净，少了朦胧感，给人非常直接的庄重感，适合作为婚礼蛋糕。

38　圆形花盒

操作难易度：★★★★

倾斜角度较大，为避免塌落，顶部最好不要使用蛋糕坯，可使用其他轻质道具做表面处理即可，中部花卉色彩明艳，适合婚礼场合使用。

39　裸蛋糕装饰

操作难易度：★★★

坯底使用裸坯。本款使用磅蛋糕，颜色较深，与整体风格设计相搭。组装时注意不要带起蛋糕屑，以免掉落在花朵上。

40　青苔与花

操作难易度：★★

半圆柱形的底坯设计，表面涂抹奶油霜，再在表面筛上抹茶，顶部有规律地摆放上花朵，花朵样式可根据场景需求而定。本款设计适合甜蜜类型的甜品台装饰。

41　花语

操作难易度：★★

顶部花朵摆放方式呈菱形，顶点对应底部的花朵，是常见的视觉平衡摆放方式。底色、花朵样式与颜色可根据场景需求更换。

42　花的裙摆

操作难易度：★★★

本款蛋糕设计适合甜品台装饰，花朵摆放流畅，优雅十足，似新娘的裙摆。

43　花晕

操作难易度：★★★

蛋糕坯比一般的要高，有高级感，整体色彩统一，花与面有对话感。用色是重点，晕染是难点。

44　花瓶2

操作难易度：★★★★

底坯表面涂抹是难点，顶部中心处有三角堆奶油支撑，花朵摆放呈半弧形，边缘处以叶子延伸做出规律感。

45　小清新

操作难易度：★★

顶部装饰依然是花环形式，花形单一，花色属于同一色系，亮度都较高，整体偏小清新。

46 落叶

操作难易度：★★

整体偏紫色系，有清冷之感，花朵与底色相呼应，底坯涂抹有紫黑色云晕染。

47 出发

操作难易度：★★★★★

相对奶油来说，奶油霜因其厚重感用于做浮雕形动物装饰会更形象，整体色彩调配是非常关键的。动物的毛发需要毛刷一点一点的做，用时会较长。

48 基础双层

操作难易度：★★

本款蛋糕是基础性双层蛋糕设计，花朵以斜对称的方式摆放。

49 晕色双层

操作难易度：★★★

本款蛋糕在基础双层上加了晕色，顶层与双层衔接处都用了全覆盖，叶子有延伸设计。

51 大海

操作难易度：★★★★★

底层以海蓝色为底色，奶油霜勾勒出延伸线条，似风、似珊瑚，花朵搭配更多的是意象补充，颜色需要与整体相搭配。

50 裙摆

操作难易度：★★

可以作为婚礼的甜品台装饰，沾面的奶油霜涂抹设计，既快速，效果也好。

52 花抱枕

操作难易度：★★★★★

底坯切割尽可能与外形搭配，外搭衔接的小抱枕可以用道具填充，花朵以牡丹等大花形为主，富贵吉祥，比较接地气。

王森美食文创

一家专注设计美食周边的文创品牌

致力于提升食品及周边美学

开创新式美食商业模式

拓展美食精细化研发方向

一个独特的美食王国来自于你心动的开始

CULTURAL AND CREATIVE CUISINE

王森·
美食文创

王森美食文化一直专注于中西烘焙甜点、中西餐轻食、咖啡茶饮的产品研发，品牌策划、空间设计、商业模式规划，以美食文创、美食商业、美食研发为三大核心，专业团队成员均具有多年行业经验。

◆ **美食研发设计**：中西点烘焙系列、中西餐系列、咖啡茶饮系列、农副产品系列

◆ **美食文旅**：美食市集、美食乐园、美食农庄民宿、观光工厂

◆ **美食商业**：品牌策划、品牌VI设计、空间设计、创新的商业模式

咨询：张女士 **159 6214 5775**（微信同号）

王森教育集团

报考代码：0881

美食教育的沃土 西点工匠的摇篮

我是刘涛，
我为王森代言！

形象代言人：刘涛

日本 / 韩国 / 法国 / 美国

苏州 / 上海 / 北京 / 哈尔滨 / 佛山 / 潍坊 / 南昌 / 昆明 / 保定 / 鹰潭 / 西安 / 成都 / 武汉 /

王森咖啡西点西餐学校
WANGSEN BAKERY CAFE WESTERN FOOD SCHOOL

一 所 培 养 了 世 界 冠 军 的 院 校

4000-611-018 全国统一热线

https://www.wangsen.com | PC端网站
https://m.wangsen.com | MO端网址

本书配套视频（手机扫码观看视频）

1. 百合花

2. 半月形组装蛋糕

3. 杯子蛋糕

4. 红掌

5. 嘉宝菊

6. 菊花

7. 康乃馨

8. 玫瑰花

9. 抹面：圆面

10. 抹面：直面

11. 芍药花

12. 圣诞花

13. 五瓣花

14. 向日葵

15. 小雏菊

16. 宿根福禄考

17. 绣球花（大）

18. 绣球花（小）

19. 叶子合集

20. 意式奶油霜